U0818355

煤炭高等教育“十四五”规划教材

大气污染控制工程实验

主　编　伍泽广

副主编　许中坚　李方文

中国矿业大学出版社

·徐州·

内 容 简 介

本书是根据环境工程专业培养目标和教学大纲的要求进行编写的，共分为五部分：绪论，实验室安全，实验室常用仪器设备和基本操作，颗粒物污染控制实验，气态污染物控制实验。在内容编排上，选择能够代表大气污染控制发展方向、易于实验室进行的实验项目；将验证性实验、综合性实验和设计性实验内容有机结合，每个单元实验都有详细的实验要求和内容，并提出了注意事项和思考内容，具有较强的理论性、实践性和可操作性。

本书可作为高等院校环境类专业本科生和研究生的实验教材，亦可供从事相关教学、科研、技术等方面的人员使用和参考。

图书在版编目(CIP)数据

大气污染控制工程实验/伍泽广主编. 一徐州：中国矿业大学出版社，2023.2

ISBN 978-7-5646-5727-7

Ⅰ. ①大… Ⅱ. ①伍… Ⅲ. ①空气污染控制一实验 Ⅳ. ①X510.6-33

中国国家版本馆 CIP 数据核字(2023)第 030777 号

书　　名 大气污染控制工程实验
主　　编 伍泽广
责任编辑 周　红
出版发行 中国矿业大学出版社有限责任公司
(江苏省徐州市解放南路　邮编 221008)
营销热线 (0516)83884103　83885105
出版服务 (0516)83995789　83884920
网　　址 http://www.cumtp.com　**E-mail**:cumtpvip@cumtp.com
印　　刷 苏州市古得堡数码印刷有限公司
开　　本 787 mm×1092 mm　1/16　**印张** 8.75　**字数** 171 千字
版次印次 2023 年 2 月第 1 版　2023 年 2 月第 1 次印刷
定　　价 29.00 元

前　言

大气污染控制工程实验课程是环境工程专业的核心课程。编者在多年讲授大气污染控制工程课程、指导大气污染控制工程实验的基础上，广泛参考国内外优秀教材和实验教程，以及相关行业的应用案例，编写了此书。在内容编排上，选择能够代表大气污染控制发展方向、易于实验室进行的实验项目；将颗粒污染物和气态污染物控制的验证性实验、综合性实验和设计性实验内容有机结合；每个单元实验都有详细的实验要求和内容，并配备了注意事项和思考内容，具有较强的理论性、实践性和可操作性。本书紧扣环境工程专业学生培养目标和教学大纲，思路清晰，内容翔实全面，理论原理部分内容精练，实验操作部分典型实用、可操作性强。本书可作为高等院校环境类专业本科生和研究生的实验教材，参考学时 30～45 学时，亦可供从事相关教学、科研、技术等方面的人员使用和参考。

本书由伍泽广担任主编，许中坚、李方文担任副主编。具体编写分工如下：伍泽广、李军、杜雪雨编写绪论、第三章，许中坚、令玉林编写第一、二章，李方文、杜锦滢、邝启云编写第四章，全书由伍泽广统稿和定稿。在本书编写过程中，编者参考了大量的文献资料及图表，在此对所有被引用文献的作者表示诚挚的感谢！

虽然编者在本书的编写过程中做了大量的工作，但由于学识水平所限，书中不当之处在所难免，敬请读者批评指正。

编　者
2022 年 5 月

目　录

绪　论

第一节　大气污染控制工程实验的目的和要求

“大气污染控制工程实验”是环境工程专业的一门实践性必修课，是大气污染控制工程的重要组成部分。其基本任务是通过实验使学生掌握大气污染控制工程的基本实验方法、手段及操作技能，学会正确使用各种测试仪器和实验设备，正确掌握数据处理和曲线绘制等科学方法；培养学生运用所学理论知识进行科学研究、分析问题和解决问题的实践能力；通过理论与实践的结合，使学生巩固和加深对所学基本原理的理解，并在创新能力等方面得到充实和提高；使学生树立实事求是、精益求精的科学态度和严谨的工作作风。

一、大气污染控制工程实验课程的基本要求

(1) 掌握实验所用仪器设备的结构、流程和工作原理以及实验的操作方法，加深对基本概念的理解，巩固新的知识。

(2) 独立进行实验的全过程，包括装配和调节实验装置，观察实验现象，记录和处理实验数据，综合分析实验结果，做出正确的实验报告，从而正确分析和归纳实验数据，运用实验成果验证已有的概念和理论等。进而了解如何进行实验方案的设计，并初步掌握大气污染控制工程实验的研究方法和基本测试技术。

(3) 在实验过程中坚持实事求是的科学态度，忠于所观察到的实验现象，并养成严肃、认真、细致、整洁的良好实验习惯。

二、学生通过实验教学达到的目的和要求

(1) 进一步掌握、巩固和加深大气污染控制工程原理的理论知识，得到将理论应用于实践的训练。

（2）根据已经掌握的知识，能够提出验证结论的方法、方案或提出探索研究的问题。

（3）熟悉典型的大气污染物净化与处理过程及处理装置、设备的结构特点。

（4）掌握大气污染控制工程实验的实际操作和基本技能。

（5）能够分析实验工作的重要环节，分析实验数据，鉴别和核实实验数据的可靠性。培养观察实验现象、测定实验参数、分析和整理实验数据以及编写工程实验报告的能力，从而提高解决大气污染控制过程中实际问题的能力。

为了达到上述目的，要求参加实验的学生必须严肃认真地对待实验教学中的每个细节，并按照实验教学的目的和内容，主动、积极、认真地进行实验操作，完成实验项目。

三、大气污染控制工程实验的类型

为推动实验教学的改革，逐步扭转过去以基本操作和验证性实验为主的现状，坚持以应用性实验和解决工程实践中的需要为主，培养本科生的创新实践动手能力，本教材根据大气污染物的存在形态，将其分为颗粒污染物控制实验和气态污染物控制实验，在其下再将实验分为以下三个类别。

（1）验证性实验

验证性实验是在老师指导下，学生根据本教材的要求，按照既定方法、既定的仪器条件完成全部实验的过程，以巩固课堂理论教学，培养学生的基本实验能力。

（2）综合性实验

综合性实验融入《大气污染控制工程》教材中的多个知识点或多种实验方法、手段，吸收相关专业的理论和技能，使学生牢固掌握本课程及相关课程的综合知识，培养学生综合处理问题的能力，达到能力和素质的综合培养与提高。

（3）设计性实验（与生产实践结合）

设计性实验由老师给定实验目的、要求和实验条件，由学生运用已掌握的基本知识、基本原理和实验技能，独立自主进行实验方案的设计（包含装置、步骤、计划、测试项目和测试方法等内容）、分析测试、结果分析和实验报告的撰写，以培养学生的综合处理问题和综合设计能力，激发学生的主动性和创新意识。

本教材的实验以验证性实验为主，设计性实验以小组为单位进行，同时也可培养学生的团队协作能力。

第二节　大气污染控制工程实验的教学程序

学习本课程、参加大气污染控制工程实验的学生必须按照相应的实验教学程序进行实验。

一、实验预习

（1）对验证性实验和综合性实验，学生必须在课前认真阅读实验教材，清楚地了解实验项目的目的和要求、实验原理和实验内容，写出简明的预习提纲。预习能够帮助理解实验原理，了解实验内容，熟悉操作步骤，有利于完成实验和达到较好的实验效果。预习实验的具体要求如下。

① 了解实验目的、要求以及实验原理；

② 了解实验设备流程、实验操作步骤及有关注意事项；

③ 按照实验指导书要求，掌握测量实验数据的方法；

④ 先拟出原始实验数据记录表格，练习有关操作；

⑤ 同组同学进行讨论，商讨实验过程中的关键步骤和相互配合等问题；

⑥ 实验小组进行适当的分工，明确实验任务。

（2）对设计性实验，实验小组的同学在预习的基础上，经全组同学充分调研和讨论，根据实验指导书上列出的任务、目的与要求、实验条件，拟订实验方案（包含实验方法、实验步骤等），并在规定的期限内将拟订的实验方案交老师审查，老师审查同意后才能开始实验。

二、提问与讲授

（1）学生实验前，指导老师针对本实验的原理、实验操作、数据处理以及相关理论实际问题进行提问，以检验学生预习实验的效果；对提问不合格者，取消本次实验的资格，重新预习达标后再补做。

（2）提问结束后，指导老师对本次实验进行系统讲授，重点是操作要点和注意事项。

三、实验操作

正确地进行实验操作是实验成功的关键。学生必须认真地按照实验程序或经老师审查同意的实验方案，按部就班地进行实验操作。具体要求如下所述。

（1）实验进行之前，应该检查所需设备、仪器是否齐全和完好，包括固定安装设备和设施、临时安装设备、移动设备等。对动力设备(如离心泵、压缩机等)进行安全检查,以保证正常运转及人身安全,确保实验的圆满完成。

(2) 实验操作过程中必须严格遵照操作规程、实验步骤及操作注意事项。若在操作过程中发生故障,应及时向指导老师及实验室工作人员报告,以便及时进行处理。

(3) 在实验操作中,需要分步、分工地测取数据时,应当使参与实验的学生在实验小组内进行适当的交换操作,使每位学生均能得到全面的实验操作训练,有利于学生对整个实验过程的全面参与和了解。

(4) 为了测取正确的实验数据,需要注意数据的准确性和重现性。只有当数据测取准确后,方能改变操作条件,进行另一组数据的测取。

(5) 实验数据全部测取完,经指导老师检查通过后,方可结束实验,恢复设备原始状态,归还所借仪器等。

四、实验数据读取

正确读取实验数据是实验操作的重要步骤,其关系到实验结果的正确性。规范地记录实验数据是防止实验数据产生误差的有效方法之一,其步骤及要求如下。

(1) 实验操作开始之前应拟好实验数据记录表格(在预习时已准备),表格中应标明各项物理量的名称、符号及单位。实验记录要求完整、准确、条理清楚。

(2) 实验数据一定要在实验系统稳定后才可读取并记录,条件改变后,应在新的条件稳定后才能读取、记录数据。由于测试仪表的滞后,条件改变后往往需要一定时间的稳定过程,不能一改变条件就读取数据,这样会降低所测数据的可靠性。

(3) 同一条件下至少要读取两次数据,且只有当两次数据相近时,才能改变操作条件继续进行实验。实验测取的数据,应及时进行复核,以免发生读数或记录的错误。如读数和记录是两人分头进行的,则记录数据的同时还需往复读数。

(4) 数据记录必须真实地反映仪表的精度。一般记录至仪表上最小分度下一位数。根据仪器的精确度,通常记录数据中的末位数是估计数字,例如温度计读数刚好为 10 ℃ 时,则数据应记为 10.0 ℃,而不是记为 10 ℃。

(5) 记录数据要以当时的实际读数为准,如果规定的水温为 30.0 ℃,读数时实际水温为 30.5 ℃，就应该记为 30.5 ℃。如果数据仍稳定不变时，该数据每次都应记录，不留空格，如果漏记了数据，应该留出相应的空格。

(6) 实验过程中，如果出现不正常情况以及数据有明显误差时，应在备注栏中加以说明。

(7) 读取数据后，应该分析其是否合理，如果发现不合理情况，应立即分析原因，以便及时发现问题并加以处理。

(8) 不得擅自更改实验测试的原始数据。

五、实验数据处理

通过实验取得大量数据后，必须对数据做科学的整理分析，去粗取精、去伪存真，以得到正确可靠的结论。同时，为求得各物理量间的变化关系，往往需要记录许多组数据，有时为获得一个准确数据，还得进行多次测量。这样，会给整理数据增加较大的工作量。为此，可采取将每一参数相同条件测定的多次结果求取其平均值的方法。在整理实验数据中，应注意有效数字及误差理论的应用，有效数字要求取到测试仪表最小分度后一位即可。

在实验中，对各种参数进行测量时，无论使用的仪器多么精密、测验方法何等完善、实验者何等认真细心，所测得的数据都不可避免地存在一定的偏差或误差。这些误差通常为系统误差、偶然误差和过失误差。所以需正确选用合适的科学方法（如图解法、因子分析法、聚类分析法、回归法、拟合法等）进行数据处理，对实验数据的表达需采用列表法、作图法和数学方程式表示。

六、实验报告编写

将实验结果整理编写成一份实验报告，是实验教学必不可少的组成部分。这一环节的训练极为重要，是今后写好科学论文或科研报告的基础。学生可通过编写实验报告，提高分析问题和解决问题的能力。编写实验报告应坚持以科学的态度及实事求是的精神进行编写，编写的实验报告必须依据所有实验数据以及观察到的现象，不能凭臆想推测加以修改。实验报告一律使用学校统一印制的实验报告簿书写，实验报告应包括以下内容：

(1) 实验题目；

(2) 实验报告人及同组人姓名；

(3) 实验日期及实验地点；

(4) 实验目的；

(5) 实验原理及主要实验步骤；

(6) 实验装置流程图及设备规格、型号说明；

(7) 实验数据原始记录表(注意表格格式)；

(8) 典型计算公式、图；

(9) 实验数据的整理和分析，包括计算数据及结果；

(10) 实验结果(可用图示法、列表法及经验式表示)；

(11) 结论与思考题、问题分析。

实验报告要求参加实验的同学独立完成，每人一份，并以此作为实验考核的主要依据。

第三节　大气污染控制工程实验成绩的评定

大气污染控制工程实验课程成绩包括：实验过程与操作＋实验报告＋期末考试。

一、实验课程总评成绩构成

(1) 实验过程与操作：30%；

(2) 实验报告：20%；

(3) 期末考试：50%。

二、实验过程与操作评分内容

(1) 预习准备充分，实验材料齐全，提交预习报告；设计性实验方案基本正确，实验任务明确(10%)。

(2) 实验认真守纪，积极主动，准时进入实验室(10%)。

(3) 掌握实验原理，操作认真、规范，动作有条不紊；实验过程独立完成，仪器操作娴熟(20%)。

(4) 自行发现并排除一般性的实验故障，数据记录正确规范(20%)。

(5) 具有较强的协作精神和实事求是的工作作风；与他人协作默契，配合得当(20%)。

(6) 讨论深入细致，见解新颖(20%)。

三、实验报告

实验报告成绩按以下四个方面的报告考核内容，给予 5 个档次成绩。

报告考核内容：

(1) 实验报告一周内递交(10%)；

(2) 实验数据正确完整,结果分析深入细致(30%);

(3) 公式、图表、曲线完整无误(30%);

(4) 遵守实验操作规程,无违章现象发生;问题回答正确,思路清晰,观点有见解(30%)。

成绩档次:

(1) 优秀(90～100 分)。实验报告内容完整、叙述严谨、版面布局合理整洁、原始数据完备、数据处理过程完整正确、实验结论正确,基本正确回答实验思考题,对实验讨论有一定的见解,完全符合报告考核内容。

(2) 良好(80～89 分)。实验报告内容完整、条理清晰、版面整洁、原始数据完备、数据处理过程完整、结果基本正确、实验结论明确,报告有实验讨论的内容,基本符合报告考核内容。

(3) 中等(70～79 分)。实验报告内容基本完整、版面整洁、原始数据基本完整、有数据处理过程、实验结论明确,符合报告考核内容 3 项。

(4) 及格(60～69 分)。实验报告内容基本完整、原始数据基本完整、有数据处理过程和实验结论,符合报告考核内容 2 项。

(5) 不及格(<60 分)。有下列情况之一者,实验项目成绩评为不及格:不能完成最基本的实验操作;实验报告马虎、内容不全、无数据处理过程或数据处理过程不完整、实验无结论等;实验报告有抄袭现象;严重违反实验规章制度并造成不良后果;未做实验,但模仿指导老师笔迹签字伪造原始数据的;无故缺席或者迟到 30 min 以上者,不能补做的,不符合报告考核内容的。

四、期末考试(笔试)内容

(1) 基本原理和概念;

(2) 实验方法;

(3) 实验现象分析;

(4) 实验结果分析;

(5) 本课程总结、体会及建议(附加分 20%)。期末考试(实验考试)评分办法根据卷面题给定。

第一章　实验室安全

第一节　大气污染控制工程实验规则

实验室是进行科学研究的场所，大气污染控制工程实验有易燃、易爆、有腐蚀性或有毒的试剂和药品，在实验前应充分了解实验室规则，实验时在思想上要十分重视安全问题，集中注意力，遵守操作规程，避免事故的发生。

(1) 进入实验室应保持整洁和安静，禁止在实验室内大声喧哗、追逐嬉玩和随地吐痰，禁止赤足、穿拖鞋进入实验室。实验室内严禁吸烟、吃零食。遵守实验室的各项规章制度。

(2) 进入实验室首先熟悉水龙头、电闸的位置和操作方法，以及灭火栓的使用方法。注意节约水、电、气、油以及化学药品等。爱护仪器、实验设备及实验室其他设施。

(3) 启用加热设备时，要注意被加热物(如液体等)是否会溅出，以免受到伤害。嗅闻气体时，应用手向自己方向轻拂气体。使用电气设备时，不要用湿手接触电插销，以防触电。

(4) 浓酸、浓碱具有强腐蚀性，切勿溅在衣服、皮肤上，尤其勿溅到眼睛里。稀释浓硫酸时，应将浓硫酸慢慢倒入水中，而不能将水向浓硫酸中倒，以免迸溅。

(5) 实验室常用的溶剂乙醚、乙醇、丙酮、苯等有机易燃物质，在安放和使用时，必须远离明火，取用完毕后应立即盖紧瓶塞或瓶盖。

(6) 能产生有刺激性或有毒气体的实验，应在通风橱内(或通风处)进行。

(7) 有毒药品(如重铬酸钾、钡盐、铅盐、砷化合物、汞化合物、氰化物等)不得进入口内或接触伤口，不能将有毒药品随便倒入下水管道。

(8) 实验完毕，应洗净双手后才可离开实验室。

(9) 实验室的仪器和药品未经老师准许，不能带出实验室。因操作不慎等原因，损坏仪器、设备，应上报登记。因违规操作，造成仪器、设备损坏，根据情节的轻重和态度由指导老师会同实验室负责人，按仪器、设备价值酌情折价赔偿，情节严重、损失较大时，上报学校进行处理。

(10) 有关剧毒药品的领取、使用和保管，按照相关药品管理规定执行。

(11) 熟悉在紧急情况下的逃离路线和紧急疏散方法；清楚灭火器材、安全淋浴间、眼睛冲洗器的位置以及急救电话。

(12) 做实验期间严禁脱岗或随意离开实验室。

第二节　学生实验守则

(1) 实验前应认真做好预习，明确实验目的，了解实验内容及注意事项，写出预习报告。

(2) 按时参加实验课，不得无故迟到、早退或缺课，有病或有事需向任课老师请假；上实验课时应穿好白大褂，携带实验指导书、预习报告、实验报告纸及文具，并按规定座位入座；接触有毒有害及危险药品时应严格操作并做好防护措施，若发生意外应立即报告老师及时处理。

(3) 对自行拟订实验方案的设计性实验，其拟订的实验方案需经老师审批后在确保安全及可行的基础上才能操作，并在实验过程中需随时与老师沟通。

(4) 不允许学生在实验室单独操作大型仪器和危险化学品，或单独处于有潜在危险的场所。

(5) 做好实验前的准备工作，清点仪器，如发现缺损，应报告指导老师，按规定由实验员从准备室补领。未经指导老师和实验员同意，不得随意移动或拿走仪器设备。

(6) 实验时保持肃静，思想集中，认真操作，仔细观察现象，积极思考问题，做好记录，不得进行与实验无关的活动。

(7) 保持实验室和台面清洁、整齐，废纸屑、废液、废金属屑等废物应存放于指定的地方，不能随手乱扔，更不能倒在水槽中，以免堵塞、腐蚀水槽或下水道或发生意外；属于危险废物(具有腐蚀性、毒性、易燃性、反应性或者感染性等一种或者几种危险特性的)的固体或液体废物需统一放到指定收集容器中。

(8) 爱护国家财物，小心正确地使用仪器和设备，注意安全，节约水、电和药品。使用精密仪器时，必须严格按照操作规程进行，如发生故障，应立即停止使用，并及时报告指导老师。实验药品应按规定取用，取用药品后，应立即盖上瓶塞，以免弄错，玷污药品。放在指定地方的药品不得擅自拿走，自瓶中取出的药品不能再倒回原瓶中。

(9) 实验完毕后将玻璃仪器清洗干净并放回原处，整理好桌面，经指导老师批准后方可离开。

(10) 每次实验后由学生轮流值日，负责整理公用药品、仪器，打扫实验室卫生，清理实验后废物；检查水、电、煤气开关是否已关闭，关好门窗。

(11) 实验室内的一切物品(包括仪器、药品、产物等)不得带离实验室。

第三节　实验室安全知识和意外事故处理

“安全第一、预防为主”是我国安全生产的方针，它保证有一个安全、整洁的实验环境，保护学生和实验室人员的安全和健康，正常有序地开展实验和科研工作。学生必须不断提高安全意识，掌握丰富的安全知识，严格遵守操作规程和规章制度，时刻保持高度的警惕性，避免事故的发生。

学生进入大气污染控制工程实验室，首先阅读挂在墙壁上的“实验室安全守则和规章制度”和“实验室操作规程”。学生必须熟悉实验室安全知识，牢记实验室操作规范与守则，确保安全第一。

一、实验室危险性类型

1. 火灾爆炸危险性

实验中会用到易燃易爆物品、高压气体钢瓶、低温液化气体、减压系统(真空干燥、蒸馏等)，如果处理不当，操作失灵，再遇上高温、明火、撞击、容器破裂或没有遵守安全防护要求，往往会酿成火灾爆炸事故，轻则造成人身伤害、仪器设备破损，重则造成人员伤亡、房屋破坏。

实验室常见易燃易爆物质如下：

① 易燃易爆液体，如苯、甲苯、乙醇、石油醚、丙酮等；

② 易燃易爆固体，如钾、钠等轻金属；

③ 强氧化剂，如硝酸铵、硝酸钾、高氯酸、过氧化钠、过氧化物；

④ 压缩及液化气体，如 H_2、C_2H_2、液化石油气等。

2. 有毒物质的危险性

实验室经常使用的各种有机溶剂，不仅易燃易爆而且有毒。在有些实验中由于化学反应也产生有毒气体，如不注意有引起中毒的可能性。有毒物质参与或有有毒物质产生的实验必须在通风橱内进行操作。

3. 触电危险性

实验室离不开电气设备，学生应懂得如何防止触电事故，或由于使用非防爆电器产生电火花引起的爆炸事故。

4. 机械伤害危险性

实验室经常用到玻璃器皿，进行割断玻璃管、胶塞打孔、用玻璃管连接胶管等操作，若制作者疏忽大意或思想不集中，很容易造成皮肤与手指创伤、割伤。

5. 放射线危险性

从事放射性物质分析及X射线衍射分析的人员很可能受到放射性物质及X射线的伤害，必须认真防护，避免放射性物质侵入和污染人体。

二、化学药品的储藏与保管

(1) 所有化学药品的容器都应贴上清晰的永久标签，标明内容物及潜在危险。

(2) 所有化学药品都应具备物品安全数据清单(MSDS)。

(3) 对于在储藏过程中不稳定或易形成过氧化物的化学药品加注特别标记。

(4) 化学药品储藏的高度应合适，通风橱内不得储存化学药品。

(5) 有腐蚀性液体的容器的储藏位置应当尽可能低，并加垫收集盘。

(6) 将腐蚀性化学品、毒性化学品、有机过氧化物、易自燃和放射性物质分开储藏，标签上标明购买日期，不得储存大量易燃溶剂，用多少领用多少，以防这些化学品相互作用产生有毒烟雾，发生火灾，甚至爆炸，且易燃、易爆的药品要远离药源，分别储存于低温和干燥处。这类药品包括漂白剂、硝酸、高氯酸和过氧化氢等。

(7) 挥发性和毒性物品需要特殊储藏。未经允许实验室不得储存剧毒药品。

(8) 对于易燃及易产生泡沫的药品，严禁在密闭的情况下剧烈摇荡，以免发生爆炸危险。

(9) 从大瓶内取出药品，用后剩余部分不得倒回原瓶内，必须另装小瓶储存，以免影响原瓶药品的纯度。小瓶上要加标签，以备再用。

三、压缩气体和气体钢瓶的使用规定

(1) 压缩气体属一级危险品，包括永久气体(第一类)、液化气体(第二类)和溶解气体(第三类)。

(2) 必须按照规定限制存放在实验室的钢瓶数量和压缩气体容量,实验室内严禁存放氢气。

(3) 压缩气体钢瓶应当直立放置,确保单独靠放实验台或墙壁并用铁索固定以防倾倒,应当远离热源、腐蚀性材料和潜在的冲击。当气体用完或不再使用时,应将钢瓶立即退还给供应商,钢瓶转运应使用钢瓶推车并保持直立,同时关紧阀门并卸掉调节器。

(4) 压缩气体钢瓶必须在阀门和调节器完好无损的情况下和通风良好的场所使用,涉及有毒气体应增加局部通风。

(5) 压力表与减压阀不可粘上油污。

(6) 开减压阀前应当擦净钢瓶阀门出口的水和灰尘。

(7) 查减压阀是否有泄漏或损坏,钢瓶内保存适当余气。

(8) 钢瓶表面要有清晰的标签,注明气体名称。

(9) 使用完毕按规定将钢瓶主阀关闭并释放减压阀内过剩的压力,养成离开实验室时检查气瓶的习惯。

(10) 禁止随意搬动敲打钢瓶,经允许搬动时应做到轻搬轻放。

(11) 各种气瓶必须按国家规定进行定期检验,使用过程中必须注意观察钢瓶的状态,如发现有严重腐蚀或其他损伤,应停止使用并提前报检。

四、废弃物的回收和处理

1. 固体废物

除非固体是有毒性的或是极易回收的,一般均放入指定的盛放没有危险性废弃物的容器里面。毒性废弃物应放入有特别标志的容器里,一些特殊的有毒化学试剂在丢弃前应经适当处理以减小其毒性。

2. 水溶性废弃物

无毒的、中性的、无味道的水溶性物质可以直接倒入水槽流入下水道。强酸性或者强碱性物质在丢弃之前应被中和,并且用大量水冲洗干净。任何能够与稀酸或稀碱反应的物质,都不能随便倒入下水道。

3. 有机溶剂

废弃的有机溶剂不应倒入下水道,应倒入贴有标签的专门容器内,统一回收,集中处理,储存容器容量不得超过 10 L,需放置在实验室内固定位置。

五、安全用电

实验室常用的标准插座为 50 Hz、220 V 的交流电,用电线须按照国际标准的电线套色(表 1-3-1),配备电器与插座之间的导线务必遵守此标准。

表 1-3-1　国际标准的电线套色

导线类型	国际标准	原先标准
相线	棕色	红色
零线	蓝色	黑色
地线	绿色/黄色	绿色

实验室用电须注意:

① 实验室内严禁私拉私接电线。

② 不得超负荷使用电插座。

③ 不得在同一电插座上连接多个插座并同时使用多种电器。

④ 确保所有的电线设备足以提供所需的电流。

⑤ 不要长期使用接线板。

⑥ 实验前先检查用电设备,再接通电源;实验结束后,先关仪器设备,再关闭电源;学生离开实验室或遇突然断电,应关闭电源,尤其要关闭加热电器的电源开关;不得将供电线任意放在通道上,以免因绝缘破损造成短路。

六、实验室灭火

1. 实验室灭火措施

(1) 首先切断电源、熄灭所有加热设备,快速移去附近的可燃物,关闭通风装置,减少空气流通,防止火势蔓延。

(2) 立即扑灭火焰,设法隔断空气,使温度下降到可燃物的着火点以下。

(3) 火势较大时,可用灭火器灭火。常用的灭火器有以下四种:① 二氧化碳灭火器,用以扑救电器、油类和酸类火灾,不能扑救钾、钠、镁、铝等物质火灾。② 泡沫灭火器,适用于有机溶剂、油类着火,但不宜扑救电器火灾。③ 干粉灭火器,适用于扑灭油类、有机物遇水燃烧物质的火灾。④ 1211 灭火器,适用于扑救油类、有机溶剂、精密仪器、文物档案等火灾。

2. 实验室灭火注意事项

(1) 能与水发生猛烈作用的物质失火时不能用水灭火,如金属钠、电石、浓硫酸、五氧化二磷、过氧化物等。密度比水小、不溶于水的易燃与可燃液体,如石油烃类化合物和苯类等芳香族化合物失火燃烧时,禁止用水扑灭。溶于水或稍溶于水的易燃物与可燃液体,如醇类、醚类、酯类、酮类等失火时,可用雾状水、化学泡沫、皂化泡沫等扑灭。不溶于水、密度大于水的易燃与可燃液体，如二氧化碳引起的着火，可用水扑灭，因为水能浮在液面上将空气隔绝，禁止使用四氯化碳灭火器。对于小面积范围的过火燃烧，可用防火沙覆盖。

(2) 电气设备及电线着火时，首先用四氯化碳灭火器灭火，电源切断后才能用水扑救，严禁在未切断电源前用水或泡沫灭火器扑救。

(3) 回流加热时，如因冷凝效果不好，易燃蒸气在冷凝器顶端着火，应先切断加热源再行扑救。绝不可用塞子或其他物品堵住冷凝管口。

(4) 若敞口的器皿中发生燃烧，应尽快先切断加热源，设法盖住器皿口，隔绝空气，使火熄灭。

(5) 扑灭产生有毒蒸气的火情时，要特别注意防毒。

3. 灭火器的维护

(1) 灭火器要定期检查，并按规定更换药液。使用后应彻底清洗，并更换损坏的零件。

(2) 使用前须检查喷嘴是否畅通，如有阻塞，应用铁丝疏通后再使用，以免造成爆炸。

(3) 灭火器一定要固定放在明显的地方，不得任意移动。

七、实验室意外事故处理

(1) 灭火。若因酒精、苯或乙醚等引起着火，应立即用湿布或沙土等扑灭。若遇电气设备着火，必须先切断电源，再用泡沫灭火器或四氯化碳灭火器灭火。实验人员衣服着火时，不可慌张跑动，否则会加强气流流动，使燃烧加剧，而应尽快脱下衣服，或在地面上打滚或跳入水池；火被扑灭后，让受伤人员躺下，做好保暖，并送医院做进一步治疗。

(2) 烫伤。可用高锰酸钾溶液或苦味酸溶液洗灼伤处，再搽上烫伤油膏。

(3) 酸伤。若强酸溅到眼睛里或皮肤上，应立即用大量清水冲洗，然后用饱和碳酸氢钠溶液或者稀氨水冲洗，再用水冲洗。最后涂上医用凡士林，并送医院做进一步治疗。

(4) 碱伤。立即用大量清水冲洗，然后用硼酸或醋酸溶液(20 g/L)冲洗，再用水冲洗，最后涂上医用凡士林。

(5) 割伤。伤口不能用水洗，应立即用药棉擦净伤口，伤口内若有玻璃碎片，需先挑出，再涂上紫药水或红药水、碘酒，但红药水和碘酒不能同时使用，用止血贴或纱布包扎。

(6) 触电。首先应切断电源,然后在必要时进行人工呼吸。

(7) 毒气。若吸入应立即转移至室外,解开衣领,休克者应施以人工呼吸,但不要用口对口法。若吸入溴蒸气、氯化氢、氯等气体,可立即吸入少量酒精蒸气以解毒;若吸入硫化氢气体,会感到不适或头晕,应立即到室外呼吸新鲜空气。

(8) 对伤势较重者,应立即送医院医治,任何延误都可能使治疗变得更加复杂和困难。

(9) 事故发生后,应在采取力所能及补救措施的同时,保护好现场并立即上报,若属于现场人员解决不了的事故,应立即拨打 119、120 和 110 等求救电话。

第二章　实验室常用仪器设备和基本操作

第一节　实验室常用仪器

一、实验室常用玻璃仪器

实验室常用玻璃仪器见表 2-1-1。

表 2-1-1　实验室常用玻璃仪器

仪器名称	种类和规格	用途	备注
试管	(1) 硬质和软质； (2) 普通试管和离心试管； (3) 普通试管有翻口、平口； (4) 有刻度、无刻度； (5) 具塞、无塞； (6) 有刻度试管和离心试管的规格以容量表示； (7) 无刻度试管的规格以管口外径(mm)×管长(mm)表示	(1) 盛取液体或固体试剂； (2) 加热少量固体或液体； (3) 制取少量气体反应器； (4) 收集少量气体； (5) 溶解少量气体、液体或固体的溶质	(1) 普通试管可直接用火加热，硬质试管可加热至高温； (2) 加热时应使用试管夹，注意扩大受热面积，防止暴沸或受热不均，使试管破裂，加热后不能骤冷； (3) 离心试管只能在水浴中加热； (4) 装溶液时不超过试管容量的1/2，加热时不超过试管容量的1/3
烧杯	(1) 有刻度和无刻度； (2) 以容积大小表示	(1) 用作反应器，反应物易混合； (2) 配制溶液； (3) 溶解、结晶、蒸发浓缩或加热溶液； (4) 盛取溶液和药剂的容器	(1) 注入的液体不超过其容积的2/3； (2) 加热时使用石棉网； (3) 烧杯外部要擦干后再加热
量筒 量杯	规格以刻度所标识的最大容积(mL)表示	用于量取一定体积的液体	(1) 量取少量的液体时首选量筒，量取大体积的液体时则要选用量杯； (2) 不能加热，不能量取热的液体； (3) 不能用作反应容器，不能在其中配制溶液； (4) 操作时应沿内壁加入或倒出液体

表 2-1-1(续)

仪器名称	种类和规格	用途	备注
容量瓶	(1) 无色和棕色； (2) 规格以刻度所标的容积标度表示	用于配制一定体积准确浓度的标准溶液和准确浓度的溶液	(1) 容量瓶不能做加热溶液的操作； (2) 容量瓶不得放在烘箱中烘烤； (3) 热溶液应冷却至室温后再移入容量瓶稀释至标线； (4) 稀释过程中放热的溶液应在稀释至容量总体积的 3/4 时摇匀，并待冷却至室温后，再继续稀释至刻度； (5) 容量瓶不能长久储存溶液做试剂瓶用； (6) 使用后的容量瓶应立即冲洗干净。闲置不用时，可在瓶口处垫一小纸条以防黏结
锥形瓶	(1) 无塞和具塞； (2) 规格以容积表示	(1) 滴定分析中作为滴定容器； (2) 加热反应容器	(1) 不能在瓶内配制溶液； (2) 磨口塞要保持原配； (3) 取用溶液前要摇匀，手心对准标签
碘量瓶	规格以容积表示	(1) 碘量瓶作为碘量法的专用滴定容器； (2) 在其他挥发性物质的滴定分析中做滴定容器； (3) 用于需严防液体挥发和固体升华的反应容器	(1) 瓶和塞要保持原配，不能混用； (2) 不能高温加热，在较低温度加热时，要将瓶塞打开，防止瓶塞冲出或瓶子破碎
称量瓶	(1) 高型和矮型； (2) 规格以外径(mm)×瓶高(mm)表示	盛放需准确称量或少量需干燥后准确称量的固体物质	(1) 洗净烘干或已盛有试样的称量瓶除放在干燥器、秤盘上外不得放在其他地方，以免玷污； (2) 粘在瓶口上的试样应敲回瓶中
移液管 吸量管	(1) 移液管为单刻度，吸量管有分刻度； (2) 规格以刻度的最大标度表示	准确移取或量取一定体积的液体	(1) 不应在烘箱中烘干； (2) 不能移取太热或太冷的溶液； (3) 同一实验中应尽可能使用同一支移液管； (4) 在使用完毕后，应立即用自来水及蒸馏水冲洗干净，置于移液管架上； (5) 移液管和容量瓶常配合使用，因此在使用前常作为两者的相对体积校准； (6) 在使用吸量管时，为了减少测量误差，每次都应从最上面刻度(0刻度)处为起始点，往下放出所需体积的溶液，而不是需要多少体积就吸取多少体积

表 2-1-1(续)

仪器名称	种类和规格	用途	备注
滴定管	(1) 碱式和酸式; (2) 无色和棕色; (3) 规格以刻度的最大标度表示	(1) 滴定分析; (2) 量取一定体积的液体	(1) 滴定管下端不能有气泡,快速放液,可赶走酸式滴定管中的气泡;轻轻抬起尖嘴玻璃管,并用手指挤压玻璃球,可赶走碱式滴定管中气泡。 (2) 酸式滴定管不得用于装碱性溶液;碱式滴定管不宜装对橡皮管有腐蚀性的溶液,如碘、高锰酸钾和硝酸银等。 (3) 滴定管不同于量筒,其读数自上而下由小变大
表面皿	规格以口径(mm)表示	盖在烧杯上,防止液体进溅或其他用途	不能直接用火加热
漏斗	(1) 长颈漏斗、短颈漏斗和波纹漏斗; (2) 普通漏斗、热水漏斗、高压漏斗、分液漏斗和安全漏斗; (3) 规格以漏斗口径(mm)表示	用于过滤操作,对沉淀进行分离	不能直接用火加热
单口烧瓶	(1) 圆底、平底和磨口; (2) 规格以容量表示,圆底烧瓶有普通型和标准磨口型,磨口圆底烧瓶还以磨口标号表示其口径的大小	(1) 液体和固体或液体间的反应器; (2) 装配气体反应发生器(常温、加热); (3) 蒸馏或分馏液体(用带支管烧瓶,又称蒸馏烧瓶)	(1) 注入的液体不超过其容积的2/3; (2) 加热时使用石棉网,使均匀受热; (3) 蒸馏或分馏要与胶塞、导管、冷凝器等配套使用
多口烧瓶	(1) 普通型和标准磨口型; (2) 规格以容量表示,标准磨口型以磨口标号表示其口径的大小	同单口烧瓶	同单口烧瓶
比色管	(1) 带刻度和无刻度,具塞和不具塞; (2) 规格以容量表示	用于比色分析	(1) 不能加热,轻拿轻放; (2) 同一比色实验中使用同样规格的比色管; (3) 清洗时不能用硬毛刷刷洗,以免磨伤管壁影响透光度; (4) 比色时一次只拿两支比色管进行比较且光照条件要相同

表 2-1-1(续)

仪器名称	种类和规格	用途	备注
干燥器	(1) 普通干燥器和真空干燥器； (2) 规格以直径大小表示	内放干燥剂，用于样品的干燥和保存	(1) 磨口处涂凡士林； (2) 灼烧过的样品应稍冷却后放入干燥器，在冷却的过程中每隔一定时间打开一下盖子，以调节干燥器内的压力
集气瓶	(1) 无塞，瓶口面磨砂，并配有毛玻璃盖片； (2) 规格以容量表示	用于气体的收集，或气体燃烧实验	进行固-气燃烧实验时，瓶底应放少量的沙子或水
洗气瓶	规格以容量表示	用于去除杂质气体	(1) 安装时应使进气管通入洗涤液中； (2) 内装洗涤管的量不能超过洗气瓶高度的 1/2，以防洗涤液被气体冲出
干燥管	规格以大小表示	用于气体的干燥	(1) 所填装的干燥剂应不与气体反应； (2) 颗粒要大小适中，填充时也要松紧适中； (3) 填装的干燥剂两端用棉花团填塞，避免气流将干燥粉末带出

二、实验室常用仪器设备

实验室常用仪器设备见表 2-1-2。

表 2-1-2　实验室常用仪器设备

仪器名称	种类和规格	用途	备注
离心机	(1) 低速离心机、高速离心机、超速离心机； (2) 制备型离心机和制备分析离心机； (3) 台式离心机、多管微量离心机、细胞涂片离心机、血液洗涤离心机、冷冻离心机、自动平衡离心机	用于液体与固体颗粒分离或液体与液体的混合物中各组分分离	(1) 必须放置在坚固的水平实验台上且稳固，转轴上的支架要牢固，转轴润滑良好，吊篮应活动自如，保证离心机的正常运转。 (2) 仪器必须有良好的接地。 (3) 必须平衡样品，对称放入离心机内。离心管盛液不宜过满，避免腐蚀性液体溅出腐蚀离心机，同时造成离心不平衡。 (4) 开始前应检查转头是否拧紧。放入离心套管后应紧盖、锁牢，防止意外事故的发生。 (5) 离心完毕应关电门、拔掉电源插头任机自停，在离心机未停稳时，严禁打开离心机盖用手助停，以免伤人损机，使沉淀泛起。样品取出时应缓慢不要摇晃。 (6) 离心机使用完毕，要及时清除离心机内水滴、污物及碎玻璃碴，擦净离心腔、转轴、吊环、套筒及机座。经常做好离心机的防潮、防过冷、防过热、防腐蚀药品污染，延长使用寿命。 (7) 离心过程若发现异常情况应立即拔下电源插头，然后再进行检查

表 2-1-2(续)

仪器名称	种类和规格	用途	备注
恒温培养箱	电热式培养箱 隔水式培养箱 特种培养箱	用于培养菌类生成和维持物质的稳定	(1) 应由专人负责管理,操作盘上的任何开关和调节旋钮一旦固定后,不要随意扭动,以免影响箱内温度、CO_2、湿度的波动,同时降低机器的灵敏度。 (2) 所加入的水必须是蒸馏水或无离子水,防止矿物质储积在水箱内产生腐蚀作用。每年必须换一次水。经常检查箱内水是否够。 (3) 箱内应定期用消毒液擦洗消毒,搁板可取出清洗消毒,防止其他微生物污染,导致实验失败。 (4) 定期检查超温安全装置,以防超温。方法为按下监测报警按钮,转动固定螺丝,直到超温报警装置响,然后关闭超温安全灯。 (5) 在无湿度控制的培养箱内,为保持箱内气氛组成的稳定,要在箱内底层放入一个盛水的容器
超声波清洗器	(1) 单槽式超声波清洗器、多槽式超声波清洗器; (2) 小型超声波清洗器、大型超声波清洗器、微型超声波清洗器	物件污染物清除,细小孔洞疏通	(1) 超声波振子受潮,可以用兆欧表检查与换能器相连接的插头。 (2) 换能器振子打火,陶瓷材料碎裂,可以用肉眼和兆欧表结合检查
电加热器	电炉、电加热套、管式炉、马弗炉	用于物质的加热、高温焙烧	(1) 按照要求正确选择加热器。 (2) 高温加热注意安全,取样品要戴防护套
显微镜	(1) 光学显微镜和电子显微镜; (2) 工业显微镜、医疗显微镜、高倍显微镜	提取和分析物质表面微细结构信息	(1) 微调是显微镜机械装置中较精细而又容易损坏的元件,拧到限位后,决不能强拧。 (2) 调焦时,应将微调退回 3～5 圈,重用粗调调焦,待初见物象后,再改用微调。 (3) 使用高倍镜观察液体标本时,一定要加盖。 (4) 100×油镜使用后,一定要擦拭干净
烘箱	(1) 高温烘箱、超高温烘箱、低温烘箱、常温烘箱、真空烘箱、微波烘箱; (2) 可编程烘烤箱、精密烘箱,充氮烘箱、真空烘箱、防爆烘箱、电热鼓风干燥箱、热风循环烘箱	用作烘干、干燥、保温、固化、烘焙等	(1) 放入试品时应注意排列不能太密。 (2) 散热板上不应放试品,以免影响热气流向上流动。 (3) 禁止烘焙易燃、易爆、易挥发及有腐蚀性的物品。 (4) 当需要观察工作室内样品情况时,可开启外道箱门,透过玻璃门观察。但箱门以尽量少开为好,以免影响恒温。特别是当工作在 200 ℃以上时,开启箱门有可能使玻璃门骤冷而破裂。 (5) 有鼓风的烘箱,在加热和恒温的过程中必须将鼓风机开启,否则影响工作室温度的均匀性和损坏加热元件。 (6) 工作完毕后应及时切断电源,确保安全。 (7) 温度不要超过烘箱的最高使用温度。 (8) 为防止烫伤,取放试品时要用专门工具

表 2-1-2(续)

仪器名称	种类和规格	用途	备注
台秤	托盘天平、单盘机械秤	常用的称重衡器，精确度不高，一般为 0.1 g 或 0.2 g，最大荷载一般为 200 g	(1) 不能称量热物品，所称质量不能超过台秤的最大载荷。 (2) 称量物不能直接放在秤盘上，应放在已称量的洁净的表面皿、烧杯或光洁的称量纸上。吸湿或有腐蚀性的药品必须放在玻璃容器内。 (3) 砝码不能用手拿，要用镊子夹取。 (4) 台秤保持清洁，如果不小心把药品撒在秤盘上，必须立即清除。 (5) 称量完毕，应将砝码放回砝码盒中，将游码拨到“0”刻度处，并将托盘放在一侧，或用橡皮圈架起，以免台秤摆动。不用时应加塑料罩以防尘土，保持整洁
分析天平	机械分析天平、电子分析天平	精确定量称重衡器，精确度高，一般为 1 mg	(1) 接通电源，预热 60 min 后开启显示器。 (2) 所称物先放上称量纸，待显示数字稳定下来并出现质量单位后，可读数，并记录读数数据。 (3) 对于电子分析天平，若需清零、去皮重，则需按一下“TAR”键，随即出现全零状态；称量完毕，取下被称物，按一下“OFF”键，再称时按一下“ON”键就可以继续使用。 (4) 使用完毕，应拔下电源，盖上防尘罩
水浴锅	简易水浴锅、高级水浴恒温器	用于间接恒温加热	加热时防止锅内水烧干，损坏锅体，用后应将水倒出
pH 计	(1) 笔式(迷你型)、便携式和台式； (2) 0.2 级、0.1 级、0.01 级	(1) 精密测量液体介质的酸碱度值； (2) 配上相应的离子选择电极测量离子电极电位	(1) 玻璃电极插座应保持干燥、清洁，严禁接触酸雾、盐雾等有害气体，严禁沾上水溶液，保证仪器的高输入阻抗。 (2) 新电极或久置不用的电极在使用前，必须在蒸馏水中浸泡数小时，使电极不对称电位降低达到稳定，降低电极内阻。 (3) 测量时，电极球泡应全部浸入被测溶液中。 (4) 使用时，应使内参比电极浸在内参比溶液中，不要让内参比溶液倒向电极帽一端，使内参比悬空。 (5) 使用时，应拔去内参比电极电解液加液口的橡皮塞，以使参比电解液(盐桥)借重力作用维持一定流速渗透并与被测溶液相通。否则，会造成读数漂移。 (6) 氯化钾溶液中应该没有气泡，以免测量回路断开。 (7) 应该经常添加氯化钾盐桥溶液，保持液面高于银/氯化银丝

表 2-1-2(续)

仪器名称	种类和规格	用途	备注
分光光度计	(1) 手动、半自动、自动； (2) 带扫描、不带扫描； (3) 可见光、紫外光、红外光、荧光、原子吸收	对物质进行定性和定量分析	(1) 仪器初次使用需检查波长准确度，以确保检测结果的可靠性。 (2) 由于光源位置偏移，工作电流漂移增大，此时对光源位置进行调整。 (3) 每次检测结束后应检查比色池内是否有溶液溢出，若有溢出应随时用滤纸吸干，以免引起测量误差或影响仪器使用寿命。 (4) 仪器每次使用完毕，应于灯室内放置数袋硅胶(或其他干燥剂)，以免反射镜受潮霉变或玷污，影响仪器使用，同时盖好防尘罩。 (5) 仪器室应通常保持洁净干燥，室温以 5～35 ℃为宜，相对湿度不得超过 85%。有条件者应于室内配备空调机及除湿机，以确保仪器性能稳定。 (6) 仪器室不得存放酸、碱、挥发性或腐蚀性等物质，以免损坏仪器

第二节　实验室基本操作

一、洗涤玻璃器皿

大气污染控制工程实验中，采样、预处理、检测、分析等过程需要使用符合要求的玻璃器皿，这些玻璃器皿需要洗净、干燥。玻璃器皿的洗净应按照规定和要求进行清洗，下面介绍实验室常用的清洗方法。

1. 去污粉、洗涤剂清洗

实验室中常用的烧杯、锥形瓶、量筒等一般的玻璃器皿，可浸着在去污粉或合成洗涤剂溶液中，然后用毛刷刷洗。去污粉的组分是碳酸钠、白土、细沙等。利用碳酸钠的碱性去除油污，细沙的摩擦作用和白土的吸附作用可增强对玻璃仪器的清洗效果。洗涤剂一般是由表面活性剂、洗涤助剂和添加剂组成。表面活性剂具有良好的去污能力，同时具有柔软、杀菌、抗静电等性能。洗涤助剂使表面活性剂去污能力得到提高。添加剂与污垢结合力强，能把污垢包围并分散在水中，防止污垢与纤维接触而造成再污染。玻璃仪器经擦洗后，用自来水冲掉去污粉颗粒，然后用去离子水冲洗，去掉自来水中的钙、镁、铁、氯等离子。洗涤时应遵循“少量多次”的原则，一般以 3 次为宜。

将清洗干净的仪器倒置，仪器中留存的水可以完全流尽，而仪器不留水珠和油花。出现水珠或油花的仪器应当重新洗涤。洗净的仪器不能用纸或抹布擦干，以免将脏物或纤维留在器壁上面玷污了仪器。

2. 铬酸洗液清洗

测定管、移液管、容量瓶等具有精确刻度的仪器，常用铬酸洗液浸泡 15 min 左右，再用自来水冲净残留在器皿上的洗液，然后用去离子水润洗 2～3 次。

铬酸洗液的配制：在台秤上称取 5 g 工业纯 $K_2Cr_2O_3$（或 $Na_2Cr_2O_3$）置于 500 mL 烧杯中，先用少许去离子水溶解，在不断搅动下慢慢注入 100 mL 浓硫酸（工业纯），待 $K_2Cr_2O_3$ 全部溶解并冷却后，将其保存于带磨口的试剂瓶中。所配的铬酸洗液为暗红色液体，因浓硫酸易吸水，用后应将磨口塞子塞好。铬酸洗液有毒，易造成环境污染，所以一般能够用其他洗涤方法洗涤干净的仪器，尽量不用铬酸洗液。

使用铬酸洗液应按以下顺序操作：

(1) 用铬酸洗液洗涤前，一般先将仪器用自来水和毛刷洗刷，倾尽水，以免将洗液稀释而降低洗涤效果。如无还原性物质存在，则可直接用铬酸洗液清洗。

(2) 铬酸洗液可以反复使用，当洗液变为绿色而失效时，倒入专用废液桶收集，交有资质的第三方处理处置，绝不能倒入下水道，以免腐蚀金属管道并造成环境污染。

(3) 用铬酸洗液洗涤过的仪器，应先用自来水冲净，再用去离子水润洗内壁。铬酸洗液为强氧化剂，腐蚀性强，使用时特别注意不要溅到皮肤和衣物上。被 MnO_2 污染的器皿，用铬酸洗液是无效的，此时可用草酸等还原剂洗去污垢。

光度法中所用比色皿由光学玻璃制成的，不能用毛刷刷洗。通常视玷污情况，选用铬酸洗液、HCl-乙醇、合成洗涤剂等洗涤，用自来水冲洗净，再用去离子水润洗 2～3 次。

3. 其他溶剂清洗

(1) $NaOH$-$KMnO_4$ 水溶液的配制：称取 10 g $KMnO_4$ 放入 250 mL 烧杯中，加入少量水使之溶解再慢慢加入 100 mL 10%NaOH 溶液，混匀即可使用。该混合液适用于洗涤油污及有机物，洗涤后在器皿中留下的 $MnO_2 \cdot nH_2O$ 沉淀物可用 $HCl+NaNO_2$ 混合液或热草酸溶液等洗去。

(2) KOH-乙醇溶液（1∶1）适用于洗涤被油脂或某些有机物玷污的器皿。

(3) HNO_3-乙醇溶液（1∶1）适用于洗涤被油脂或有机物玷污的酸式滴定管，盖住滴定管管口，利用反应所产生的氧化氮洗涤滴定管。

二、化学试剂的规格和取用

大气污染控制工程实验中，需要使用各种化学试剂来检测和分析各类污染物。化学试剂按其纯度分为若干等级(表 2-2-1)。

表 2-2-1　试剂的规格和适用范围

等级	名称	英文名称	符号	纯度	适用范围	标签标志
一级品	优级纯	Guarantee Reagent	GR	99.8%	适于精密分析工作	绿色
二级品	分析纯	Analytical Reagent	AR	99.7%	用于多数分析工作	红色
三级品	化学纯	Chemically Pure	CP	≥99.5%	用于一般化学实验	蓝色
四级品	实验试剂	Laboratorial Reagent	LR		作为实验辅助试剂	棕色

除了表 2-2-1 中的 4 个级别外，目前市场上还有纯度远高于优级纯的试剂，称为高纯试剂(≥99.99%)。高纯试剂是在通用试剂基础上发展起来的，它是为了专门的使用目的而用特殊方法生产的纯度最高的试剂。例如“光谱纯”试剂，它是以光谱分析时出现的干扰谱线强度大小来衡量的；“色谱纯”试剂是在最高灵敏度下以 10^{-10} g 下无杂质峰来表示的；“放射化学纯”试剂是以放射性测定时出现干扰的核辐射强度来衡量的；“MOS”试剂是“金属氧化物硅”或“金属氧化物半导体”试剂的简称，是电子工业专用的化学试剂等。

试剂取用原则：保证质量准确；保证试剂的纯度；取用过程不受污染。

(1) 固体试剂的取用

固体试剂一般装在广口瓶内，$AgNO_3$、$KMnO_4$ 等见光易分解的试剂应装在棕色广口瓶中。使用洁净的药品匙取固体试剂，药品匙不能混用。实验后洗净、晾干，下次再用，避免玷污药品。要严格按量取用药品，不许倒回原试剂瓶中。需要称量的固体试剂，可放在称量纸上称量。对于具有腐蚀性、强氧化性、易潮解的固体试剂要用小烧杯、称量瓶表面皿等装载后进行称量。根据称量精确度的要求可分别选择台秤和天平称量固体试剂。用称量瓶称量时，可用减量法操作。

(2) 液体试剂的取用

液体试剂装在细口瓶或滴瓶内，试剂瓶上有明确的名称、浓度标签。

从滴瓶中取试剂时，应先提起滴管离开液面，捏瘪胶帽后赶出空气，再插入溶液中吸取试剂，不要在插入溶液中捏胶帽赶走空气，使空气在溶液中冒泡；滴加溶液时滴管要垂直，这样滴入液滴的体积才能准确；滴管口应距接收容器口

(如试管口)半厘米左右，以免与器壁接触沾染其他试剂，使滴瓶内试剂受到污染。

如要从滴瓶取出较多溶液时，可直接倾倒。先排除滴管内的液体，然后把滴管夹在食指和中指间倒出所需量的试剂。滴管不能倒持以防试剂腐蚀胶帽使试剂变质。不能用自己的滴管取用公用试剂，如试剂瓶不带滴管又需取少量试剂，则可把试剂按需要倒入小试管中，再用自己的滴管取用；从细口瓶中取试剂时，要用倾注法取用。先将瓶塞反放在桌面上，倾倒时标签要朝向手心，以免瓶口残留的少量液体流下而腐蚀标签。瓶口靠紧容器，使倒出的试剂沿玻璃棒或器壁流下。倒出需要量后慢慢竖起试剂瓶，使流出的试剂都流入容器中，一旦有试剂流出，要立即擦净。切记不允许试剂沾染标签。

要准确量取溶液，可根据准确度和量的要求，选用量筒、移液管或滴定管等量取。

三、纯水的制备

在大气污染控制工程实验中，根据任务及要求的不同对水的纯度要求也不同。对于一般的实验和分析工作，采用去离子水和蒸馏水即可。对于超纯物质分析，要求纯度较高的"高纯水"。由于空气中的 CO_2 可溶于水，故纯水的 pH 值常小于 7.0，一般为 6～7。制备纯水的方法不同，杂质含量情况也不同。

(1) 蒸馏水：将自来水在蒸馏装置中加热汽化成蒸汽，蒸汽经冷却得到蒸馏水。目前使用的蒸馏器的材质有玻璃、石英和不锈钢等，蒸馏法只能除去水中非挥发性的杂质，比较纯净而溶解在水中的气体等杂质并不能除去，可能会带入金属离子。

(2) 去离子水：用离子交换法制取的纯水称为去离子水。目前多采用阴、阳离子交换树脂的混合交换柱装置来制备。此法的优点是制备的水量大，成本低，除去离子的能力强。缺点是设备及操作比较复杂，不能除去非离子型杂质，常含有微量的有机物。

四、气体钢瓶的使用

1. 气体钢瓶的标识

实验室常用的气体由气体钢瓶提供，钢瓶中的气体一般由气体厂生产，经高压压缩后储存在气体钢瓶中。根据储存气体的性质，钢瓶内装气体可分为压缩气体、液化气体和溶解气体三类。压缩气体是指临界温度小于 −10 ℃，经高压压缩后仍处于气态的气体，如 O_2、N_2、空气等。液化气体是指临界温度不低于 10 ℃，经高压压缩后转为液态与气态处于平衡状态的气体，如 CO_2、NH_3、Cl_2、H_2S 等。溶解气体是指单纯加高压压缩可能产生分解、爆炸等危险的气体，这类气体必须在加高压的同时，将其溶解在适当的溶剂中并由多孔性固体填充物吸收。如乙炔钢瓶是将颗粒活性炭、木炭、石棉或硅藻等多孔性物质填充在钢瓶内，再掺入丙酮，通入乙炔气使之溶解在丙酮中。

气体钢瓶标识有：钢瓶名称、瓶色、字样、字色。气体钢瓶按国家标准规定喷涂成不同颜色以示区别，如表 2-2-2 所示。

表 2-2-2　不同气体钢瓶颜色

钢瓶内所装气体	钢瓶颜色	字体颜色	钢瓶内所装气体	钢瓶颜色	字体颜色
氧气	天蓝色	黑字	氢气	深绿色	红字
氮气	黑色	黄字	氨气	黄色	黑字
压缩空气	黑色	白字	石油液化气	灰色	红字
氯气	草绿色	白字	乙炔	白色	红字

2. 气体钢瓶的使用

气体钢瓶是用无缝合金或锰钢钢管制成的圆柱形的高压容器，其底部呈半球形，为便于竖放通常还配有钢制底座。气瓶的顶部有开关阀（总压阀），其侧面接头（支管）有与减压器相连的连接螺纹。为避免把可燃气体压缩到空气或氧气钢瓶中的可能性，以及防止偶然把可燃气体连接到有爆炸危险的装置上去的可能性，用于可燃气体的为左旋螺纹，非可燃气体的为右旋螺纹。使用钢瓶中气体时，还应安装配套的减压器，以使瓶内的高压气体的压力降到实验所需的压力。不同的气体有不同的减压器。不同的减压器的外表涂以不同的颜色加以标识，且要与各种气体的气瓶颜色标识一致，但应注意的是：用于氧气瓶的减压器可用于装氮气或空气的钢瓶上，而用于氮气瓶的减压器只有在充分清除了油脂后，才可用于氧气瓶上。

安装减压器时应先将钢瓶侧面支管的灰尘、脏物等清理干净，并检查支管接头上的丝扣不应有滑牙，然后将减压器与钢瓶侧面的支管连接、拧紧，在确保安装牢固后，才能打开钢瓶的开关阀。安装好减压器后，先开钢瓶开关阀，并注意高压压力计的指示压力。然后慢慢旋紧减压器的调压螺杆，此时减压阀开启，气体由此经过低压室通向出口，从低压压力计上可读取出口气体的压力，转动调压螺杆至所需的压力为止。当气体流入低压室时要注意有无漏气现象。

实验完毕，应先关钢瓶的总压阀，放尽减压器内的气体，后旋松调压螺杆。

3. 气体钢瓶安全使用注意事项

(1) 钢瓶应安置在阴凉、通风、远离热源及避免强烈振动和暴晒的地方，并将之直立固定在位置上。

(2) 室内存放的钢瓶不得多于两瓶，氧气瓶不可与易燃性气体钢瓶同放一室，也严禁与油类接触，操作人员不能穿戴沾有油污的衣物和手套，以免引起燃烧。气体钢瓶应存放在远离烟火的地方，且要经常检查是否漏气(用肥皂水检查)，避免氢气与其他气体混合发生爆炸。乙炔瓶应放在通风、温度低于 35 ℃的地方，充灌后的乙炔钢瓶需静置 24 h 后才能使用。使用时气速不可太快，以防带出丙酮。如发现瓶身发热，应立即停止使用，并用水冷却。

(3) 启钢瓶时，人应站在出气口的侧面，动作要慢，避免被气流射伤。

(4) 钢瓶内的气体不可完全用尽，其余压一般不低于 0.05 MPa，以防空气倒灌，再次充气时发生危险。

(5) 搬运钢瓶要用专用气瓶车，轻拿轻放，防止剧烈振动、撞击，乙炔钢瓶严禁横卧滚动。

(6) 钢瓶应定期进行安全检查，如耐压实验、气密性检查和壁厚测定等。

五、实验操作常识

(1) 挪动干净玻璃仪器时，勿使手指接触仪器内部。

(2) 量瓶是量器，不要用量瓶做盛器。带有磨口玻璃塞的量瓶等仪器的塞子，不要盖错。带玻璃塞的仪器和玻璃瓶等，如果暂时不使用，要用纸条把瓶塞和瓶口隔开。

(3) 洗净的仪器要放在架上或干净纱布上晾干，不能用抹布擦拭；更不能用抹布擦拭仪器内壁。

(4) 除微生物实验操作要求外，不要用棉花代替橡皮塞或木塞堵瓶口或试管口。

(5) 不要用纸片覆盖烧杯和锥形瓶等。

(6) 不要用滤纸称量药品，更不能用滤纸作记录。

(7) 不要用石蜡封闭精细药品的瓶口，以免掺混。

(8) 标签纸的大小应与容器相称，或用大小相当的白纸，绝不能用滤纸。标签上要写明物质的名称、规格和浓度，配制的日期及配制人。标签应贴在试剂瓶或烧杯的 2/3 处，对于试管等细长容器则贴在上部。

(9) 使用铅笔写标记时，要写在玻璃仪器的磨砂玻璃处。如用玻璃蜡笔或水不溶性油漆笔则写在玻璃容器的光滑面上。

(10) 取用试剂和标准溶液后，需立即将瓶塞严，放回原处。取出的试剂和标准溶液，如未用尽，切勿倒回瓶内，以免带入杂质。

(11) 凡是产生烟雾、有毒气体和有臭味气体的实验，均应在通风橱内进行。橱门应紧闭，非必要时不能打开。

(12) 使用贵重仪器如分析天平、比色计、分光光度计、酸度计、冰冻离心机、层析设备等，应十分重视，加倍爱护。使用前，应熟知使用方法。若有问题，随时请指导实验的老师解答。使用时，要严格遵守操作规程。发生故障时，应立即关闭仪器，告知管理人员，不得擅自拆修。

(13) 一般容量仪器的容积都在 20 ℃下校准的。使用时如温度差异在5 ℃以内，容积改变不大，可以忽略不计。

第三节　大气样品的采集方法和浓度表示方法

大气(空气)样品的采集方法一般分为直接采样法和富集(浓缩)采样法。

一、直接采样法

适用于大气中被测组分浓度较高或监测方法灵敏度高的情况，这时不必浓缩，只需用仪器直接采集少量样品进行分析测定即可。此法测得的结果为瞬时浓度或短时间内的平均浓度，能较快地测知结果。

常用采样容器有注射器、塑料袋、采气管、真空瓶等。

(1) 注射器采样：常用 100 mL 注射器采集有机蒸气样品。采样时，先用现场气体抽洗 2～3 次，然后抽取 100 mL，密封进气口，带回实验室分析。样品存放时间不宜长，一般当天分析完。气相色谱分析法常采用此法取样。取样后，应将注射器进气口朝下，垂直放置，以使注射器内压略大于外压。

(2) 塑料袋采样：应选不吸附、不渗漏，也不与样气中污染组分发生化学反应的塑料袋，如聚四氟乙烯袋、聚乙烯袋、聚氯乙烯袋和聚酯袋等，还有用金属薄膜做衬里(如衬银、衬铝)的塑料袋。采样时，先用二联球打进现场气体冲洗2～3次，再充满样气，夹封进气口，带回实验室尽快分析。

(3) 采气管采样：采气管容积一般为 100～1 000 mL。采样时，打开两端旋塞，用二联球或抽气泵接在管的一端，迅速抽进比采气管容积大 6～10 倍的欲采气体，使采气管中原有气体被完全置换出，关上旋塞，采气管体积即为采气体积。

(4) 真空瓶采样：真空瓶是一种具有活塞的耐压玻璃瓶，容积一般为 500～1 000 mL。采样前，先用抽真空装置把采气瓶内气体抽走，使瓶内真空度达到 1.33 kPa，之后，便可打开旋塞采样，采完即关闭旋塞，则采样体积即为真空瓶体积。

二、富集(浓缩)采样法

富集(浓缩)采样法：使大量的样气通过吸收液或固体吸收剂得到吸收或阻留，使原来浓度较小的污染物质得到浓缩，以利于分析测定。适用于大气中污染物质浓度较低(10^{-6}～10^{-9})的情况。采样时间一般较长，测得结果可代表采样时段的平均浓度，更能反映大气污染的真实情况。

具体采样方法包括溶液吸收法、固体阻留法、液体冷凝法、自然积集法等。

1. 溶液吸收法

该法是采集大气中气态、蒸气态及某些气溶胶态污染物质的常用方法。

采样时，用抽气装置将欲测空气以一定流量抽入装有吸收液的吸收管(瓶)，使被测物质的分子阻留在吸收液中，以达到浓缩的目的。采样结束后，倒出吸收液进行测定，根据测得的结果及采样体积计算大气中污染物的浓度。吸收效率主要决定于吸收速度及样气与吸收液的接触面积。

吸收液的选择原则：

(1) 与被采集的物质发生不可逆化学反应快或对其溶解度大；

(2) 污染物质被吸收液吸收后，要有足够的稳定时间，以满足分析测定所需时间的要求；

(3) 污染物质被吸收后，应有利于下一步分析测定，最好能直接用于测定；

(4) 吸收液毒性小，价格低，易于购买，并尽可能回收利用。

常用吸收管如下：

(1) 气泡式吸收管：适用于采集气态和蒸汽态物质，不宜采集气溶胶态物质。

(2) 冲击式吸收管：适宜采集气溶胶态物质和易溶解的气体样品，而不适用于气态和蒸汽态物质的采集。管内有一尖嘴玻璃管作为冲击器。

(3) 多孔筛板吸收管(瓶)：是在内管出气口熔接一块多孔性的砂芯玻板，当气体通过多孔玻板时，一方面被分散成很小的气泡，增大了与吸收液的接触面积;另一方面被弯曲的孔道所阻留,然后被吸收液吸收。所以多孔筛板吸收管既适用于采集气态和蒸汽态物质,也适用于采集气溶胶态物质。

2. 填充柱阻留法(固体阻留法)

填充柱是用一根 6～10 cm 长,内径 3～5 mm 的玻璃管或塑料管,内装颗粒状填充剂制成的。采样时,让气样以一定流速通过填充柱,则欲测组分因吸附、溶解或化学反应而被阻留在填充剂上,达到浓缩采样的目的。采样后,通过加热解吸,吹气或溶剂洗脱,使被测组分从填充剂上释放出来再测定。

根据填充剂阻留作用的原理,填充柱可分为吸附型、分配型和反应型三种类型。

(1) 吸附型填充柱:所用填充剂为颗粒状固体吸附剂,如活性炭、硅胶、分子筛、氧化铝、素烧陶瓷、高分子多孔微球等多孔性物质,对气体和蒸气吸附力强。

(2) 分配型填充剂:所用填充剂为表面涂有高沸点有机溶剂(如甘油异十三烷)的惰性多孔颗粒物(如硅藻土、耐火砖等),适于对蒸气和气溶胶态物质(如六六六、DDT、多氯联苯等)的采集。气样通过采样管时,分配系数大的或溶解度大的组分阻留在填充柱表面的固定液上。

(3) 反应型填充柱:其填充柱由惰性多孔颗粒物(如石英砂、玻璃微球等)或纤维状物(如滤纸、玻璃棉等)表面涂渍能与被测组分发生化学反应的试剂制成。也可能用与被测组分发生化学反应的纯金属(如金、银、铜等)丝毛或细粒作为填充剂。采样后,将反应产物用适宜溶剂洗脱或加热吹气解吸下来进行分析。

固体阻留法优点:① 用固体采样管可以长时间采样,测得大气中日平均或一段时间内的平均浓度值;溶液吸收法则由于液体在采样过程中会蒸发,采样时间不宜过长。② 只要选择合适的固体填充剂,对气态、蒸气态和气溶胶态物质都有较高的富集效率,而溶液吸收法一般对气溶胶吸收效率要差些。③ 浓缩在固体填充柱上的待测物质比在吸收液中稳定时间要长,有时可放置几天或几周也不发生变化。所以,固体阻留法是大气污染监测中具有广阔发展前景的富集方法。

3. 滤料阻留法

常用来采集大气中的颗粒物,将过滤材料(滤纸、滤膜等)放在采样夹上,用抽气装置抽气,则空气中的颗粒物被阻留在过滤材料上,称量过滤材料上富集的颗粒物质量,根据采样体积,即可计算出空气中颗粒物的浓度。

常用滤料有纤维状滤料[如定量滤纸、玻璃纤维滤膜(纸)、氯乙烯滤膜等]、筛孔状滤料（如微孔滤膜、核孔滤膜、银薄膜等）。各种滤料由不同的材料制成，性能不同，适用的气体范围也不同。

4. 低温冷凝法

该法是借致冷剂的致冷作用使空气中某些低沸点气态物质被冷凝成液态物质，以达到浓缩的目的。其适用于大气中某些沸点较低的气态污染物质，如烯烃类、醛类等。

常用致冷剂有冰、干冰、冰-食盐、液氯-甲醇、干冰-二氯乙烯、干冰-乙醇等。

其优点是效果好、采样量大、利于组分稳定。

5. 自然积集法

利用物质的自然重力、空气动力和浓差扩散作用采集大气中的被测物质，如测定自然降尘量、硫酸盐化速率，采集氟化物等大气样品。

其优点是不需动力设备，简单易行，且采样时间长，测定结果能较好反映大气污染情况。

三、大气中污染物浓度表示方法与气体体积换算

1. 污染物浓度表示方法

对于大气环境中污染物浓度的表示方法有两种：一种是质量浓度表示法，即每立方米空气中所含有污染物的质量数（mg/m^3 或 $\mu g/m^3$），这种表示方法对任何状态的污染物都适用，我国空气质量标准及大气污染物综合排放标准中均采用此种浓度；另一种表示方法是体积浓度表示法，即一百万体积的空气中所含污染物的体积数。部分气体检测仪器测得的气体浓度都是体积浓度。

两种浓度在标准状况（273 K，101.325 kPa）下的换算：

$$c_p = \frac{22.4}{M} \cdot c$$

式中，c_p是以$\times 10^{-6}$表示的气体浓度；c 是以 mg/m^3 表示的浓度；M 是污染物质的相对分子质量，g；22.4 是标准状态下气体的摩尔体积，L。

2. 气体体积的换算

在实际采样时，常是工况条件下而非标准状况下，此时可按下式将工况条件下的气体体积换算成标准状况下的气体体积：

$$V_N = V_t \cdot \frac{273}{273+t} \cdot \frac{p}{101.325}$$

式中，V_N 是标况下的采样体积，m^3 或 L；V_t 是工况或现场状况下采样的气体体积，m^3 或 L；t 是采样时的温度，℃；p 是采样时的大气压力，kPa。

第三章 颗粒污染物控制实验

第一节 验证性实验

实验一 粉尘真密度的测定

一、实验意义和目的

粉尘的真密度是指将粉尘颗粒表面及内部的空气排出后测得的粉尘自身的密度。真密度是粉尘的一个基本物理性质,在除尘系统的设计中有着重要作用。

粉尘的真密度对于重力、惯性力和离心力除尘的除尘性能有很大影响,是进行除尘理论计算和除尘器选型的重要参数。对粉尘真密度进行测试,可为除尘效率的提高和除尘系统的良好运行提供必要的参数。通过本实验需掌握真空法测定粉尘真密度的原理和方法,并了解粉尘真密度的概念及在除尘器设计和选型中的作用。

二、实验原理

在自然状态下,粉尘颗粒之间存在着空隙,有些粉尘的尘粒具有微孔,由于吸附作用,尘粒表面被一层空气所包围。在此状态下测量出的粉尘体积,空气体积占了相当的比例,因而并不是粉尘本身的真实体积,根据这个体积计算出的密度也不是粉尘的真密度,而是堆积密度。为了排除空气,测量出粉尘的真实体积,可以采用比重瓶液相置换法。

比重瓶液相置换法是将一定质量的粉尘装入比重瓶中,并向瓶中加入液体浸润粉尘,然后抽真空以排除尘粒表面及间隙中的空气,使这些部分为液体所占据，从而求出粉尘的真实体积的方法。根据质量和体积即可计算出粉尘的真密度。

若质量为 m_0、容积为 V_s 的比重瓶内充满密度为 ρ_s 的液体，则总质量 (m_1) 为：

$$m_1 = m_0 + \rho_s V_s \tag{1}$$

当瓶内加入质量为 m_c、真体积为 V_c 的粉尘试样后，液体体积减小了 V_c，比重瓶的总质量 (m_2) 为：

$$m_2 = m_0 + \rho_s(V_s - V_c) + m_c \tag{2}$$

由上面两式可推得粉尘试样的真实体积 (V_c) 为：

$$V_c = \frac{m_1 - m_2 + m_c}{\rho_s} \tag{3}$$

所以粉尘试样的真密度为：

$$\rho_c = \frac{m_c}{V_c} = \frac{m_c}{m_1 - m_2 + m_c} \cdot \rho_s \tag{4}$$

式中　m_c——粉尘的质量，g；

m_1——比重瓶加液体的总质量，g；

m_2——比重瓶加液体加粉尘的总质量，g；

V_c——粉尘的真体积，cm^3；

ρ_s——液体的密度，g/cm^3；

ρ_c——粉尘的真密度，g/cm^3。

粉尘的真密度测定原理如图 3-1-1 所示。

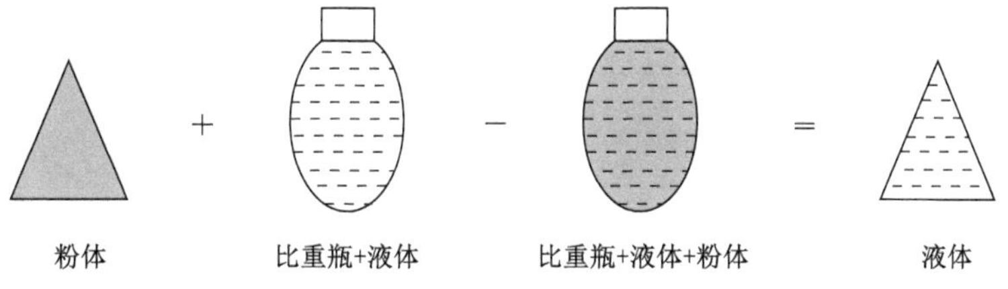

图 3-1-1　粉尘真密度测定原理示意图

三、实验仪器和设备

1. 实验装置、仪器和材料

(1) 带有磨口毛细管塞的比重瓶：25 mL，3 只。

(2) 分析天平：精度 0.1 mg，1 台。

(3) 电热真空干燥箱：1 个。

(4) 真空泵：真空度>0.9×10^5 Pa，1 台。

(5) 烘箱：0～150 ℃，1 台。

(6) 恒温水浴：20 ℃ ±0.5 ℃，1 只。

(7) 干燥器：1 个。

(8) 滴管：1 支。

(9) 滑石粉、纯水、滤纸各若干。

2. 分散液与分散剂的选择

分散液主要是根据被测粉尘的物理、化学性质进行选择的。所选液体应不与粉尘发生化学反应；不使粉尘物质溶解或产生凝聚沉淀；能充分润湿颗粒表面；黏度适中而使粒子的沉降速度不致过快等。常用的分散液与分散剂见表3-1-1。

表 3-1-1 常用的分散液与分散剂

粉尘名称		分散液	分散剂
金属	铜	环乙醇	
		丁醇	
	锌	环乙醇	
		水	0.2%六偏磷酸钠
	铝	环乙醇	
		水	0.2%油酸钠
	铁	豆油+丙酮(1∶1)	
	铅	环乙醇	
金属氧化物	氧化铜		0.2%六偏磷酸钠
	氧化锌		0.2%六偏磷酸钠
	三氧化二铝		0.2%六偏磷酸钠
	二氧化硅		
	氧化铅		
	三氧化二铁	水	0.2%六偏磷酸钠
		水	0.03 mol/L 焦磷酸
	氧化钙	乙二醇	

表 3-1-1(续)

粉尘名称		分散液	分散剂
盐类	碳酸钙	水	0.2%六偏磷酸钠
	碳酸锰	水	0.2%六偏磷酸钠
	磷酸钙	水	焦磷酸钠
	氯化汞	水	
无机物	玻璃	水	
	萤石	水	
	石灰石	水	
	菱镁矿	水	
	陶土	水	
	石棉	甘油+水(1∶4)	
	滑石粉	水	0.02 mol/L 六偏磷酸钠
	水泥	煤油	0.006 mol/L 油酸
		乙二醇	
		酒精	0.05%氯化钠
有机物	煤	乙醇	
	焦炭	丁醇	
	煤灰	酒精或煤油	
	塑料粉尘	水	
	纤维素	苯或轻油精	
	淀粉	水或异丁醇	
	蔗糖	异戊醇·异丁醇	
	石墨	水+亚油酸钠	

实验粉尘试样采用滑石粉，分散液用纯水，分散剂使用六偏磷酸钠$(NaPO_3)_6$，其相对分子质量为 611.8，浓度为 0.02 mol/L。

四、实验步骤

(1) 将粉尘试样放入烘箱，在 105～110 ℃ 下烘至恒重，然后放于干燥器中冷却备用。

(2) 将比重瓶洗净、编号，然后烘干至恒重，记下其质量(m_0)。

(3) 向比重瓶中加入约占比重瓶容积三分之一的粉尘试样，然后盖上瓶塞，放到天平上准确称重(m_3)。m_3-m_0 即为粉尘试样的质量(m_c)。

(4) 用滴管向比重瓶内加入置换液至比重瓶容积的一半左右,使粉尘润湿。

(5) 比重瓶盖上瓶塞,连同置换液一起放入真空干燥箱中,关紧箱门。将真空泵抽气管同干燥箱连接,然后启动真空泵。当真空干燥箱上的真空表读数达到 0.9×10^5 Pa 时,拧紧抽气管上的管卡,从真空泵抽气口上拔下抽气管,切断真空泵电源。

(6) 经过 15～20 min 后,旋松干燥箱门的旋钮,缓缓松开抽气管管卡。待真空表读数回零后,打开箱门,取出比重瓶和分散液,一起放入恒温水浴中恒温 30 min(恒温条件随室温而变,一般可调节恒温温度高出室温 5 ℃ 左右)。

(7) 从恒温水浴中取出比重瓶,用滴管向比重瓶内加注置换液至瓶颈部,要求塞上瓶塞后有细小水珠从塞孔冒出而瓶内无气泡。用滤纸擦去瓶外表面的水珠(注意不可将塞孔内的水吸出),然后放到天平上称量(m_2)。

(8) 倒空比重瓶,用自来水清洗后,再用置换液冲洗 1～2 次。向瓶中加注置换液至瓶颈部[要求同步骤(7)]。然后放入恒温水浴中恒温[恒温条件同步骤(6)],经过 30 min 后取出比重瓶,用滤纸擦干瓶表面水珠(注意不可将塞孔内的水吸出),放到天平上称重(m_1)。

(9) 算出置换液在恒温水浴温度下的密度(ρ_s),用公式计算出粉尘的真密度(ρ_c)。

五、实验数据的记录和处理

平行做 3 个样品,要求 3 个样品的绝对误差不大于 ±0.02 g/cm^3,否则应重新测定。取 3 个样品测量值的平均值作为粉尘真密度测定的结果,要求精确到 0.01 g/cm^3。实验数据的记录表如表 3-1-2 所示。

表 3-1-2　真空法测定粉尘真密度记录表

粉尘名称：

编号	比重瓶质量	比重瓶加粉尘质量	比重瓶加粉尘加置换液质量	比重瓶加置换液质量	粉尘质量	恒温水浴温度	置换液密度	粉尘真密度
1								
2								
3								
平均								

六、实验结果讨论

(1) 粉尘真密度测定的误差主要来源于实验操作,主要表现为:① 称重不准确;② 因经验不足导致加水量不适,致使粉尘外溢或塞孔内欠水,粉尘未被全部润湿等;③ 因操作不慎,粉尘自比重瓶内被气泡带出;④ 水中有残存气泡;⑤ 在同一次测定中,恒温水浴的温度前后未能保持一致;等等。结合你的测定结果,分析产生误差的原因。

(2) 实验中还存在哪些问题? 应如何改进?

实验二　大气环境中可吸入颗粒物 PM_{10} 和 $PM_{2.5}$ 的检测

一、实验目的与要求

(1) 了解 PM_{10} 和 $PM_{2.5}$ 的概念及产生的危害；

(2) 熟悉悬浮颗粒物测量仪器；

(3) 掌握测量方法和过程；

(4) 掌握采样过程的技术特点和技术指标。

二、实验原理

总悬浮颗粒物(TSP)是指悬浮在空气中，空气动力学当量直径≤100 μm 的颗粒物，PM_{10} 是指空气动力学当量直径≤10 μm 的可吸入颗粒物，$PM_{2.5}$ 是指空气动力学当量直径≤2.5 μm 的可吸入颗粒物。

PM_{10} 和 $PM_{2.5}$ 浓度是大气质量评价中重要的颗粒物污染指标，其主要来源于燃料燃烧时产生的烟尘、生产加工过程中产生的粉尘、建筑和交通扬尘、风沙扬尘以及气态污染物经过复杂物理化学反应在空气中生成的相应的盐类颗粒等。

测量方法的原理是，分别通过具有一定切割性的采样器，以恒速抽取定量体积空气，使环境空气中的 PM_{10} 和 $PM_{2.5}$ 被截留在已知质量的滤膜上，根据采样前后滤膜的质量差和体积，计算出 PM_{10} 和 $PM_{2.5}$ 的浓度。

三、实验仪器与设备

大气颗粒物采样器 1 套(包括 PM_{10} 和 $PM_{2.5}$ 切割器、采样管、滤膜夹及高截留效率滤膜、流量测量装置、连接杆、数据采集和传输装置以及抽气泵等)，气压计 1 个，冰箱 1 台，干燥器 1 个，分析天平 1 台(精度为 0.01 g)，恒温恒湿烘箱(精度±1 ℃)1 个。

四、实验方法与步骤

1. 样品采集

(1) 进入选定的采样场所(采样点的风速应小于 8 m/s，如果采样点位于交通枢纽区，采样点应设置在距离人行道边缘外侧 1 m 处)，安装大气颗粒物采样器，采样器入口离地高度须在 1.5 m 以上。

(2) 将已称重并编号的滤膜用镊子放入洁净的采样夹(PM_{10} 或 $PM_{2.5}$ 切割

器）内的滤网上，滤膜的毛面应朝进气方向，将滤膜压紧至不漏气，装好采样夹。

（3）记录采样点的相关数据：环境温度与气压等。

（4）开启采样器，包括数据采集和传输装置，设置大气颗粒物采样器参数，如工作点流量（恒定流量）、流量计前温度和气压、环境温度和气压、系统时间和滤膜标签等。

工作点流量设置（根据流量计的量程来设置）：量程 0.8～1.4 m^3/min，误差≤2%，建议设置值 1.05 m^3/min；量程 60～125 L/min，误差≤2%，建议设置值 100 L/min；量程<30 L/min，误差≤2%，建议设置值 16.67 L/min。

（5）开启抽气泵，稳定系统，检查设置的参数显示值，开始采样计量，采样时间 6 h。

（6）关闭抽气泵，结束采样，用镊子取出滤膜，使采样后的滤膜毛面朝内，将有尘面进行两次对折，放回表面光滑的纸袋并储于盒中，做好采样记录。滤膜采集后如不能立即称重，应在 4 ℃ 条件下冷藏保存。

2. 样品分析

（1）将滤膜放置在恒温恒湿箱中平衡 24 h，平衡条件为：温度 15～30 ℃，相对湿度 45%～55%，记录下平衡温度和相对湿度值。在上述平衡条件下，用精度为 0.01 mg 的分析天平称量滤膜，记录滤膜质量。同一滤膜在恒温恒湿箱中相同条件下再平衡 1 h 后称重，对于 PM_{10} 和 $PM_{2.5}$ 颗粒物样品滤膜，两次质量之差分别小于 0.04 mg 为满足恒重要求。

（2）实验注意事项：

① 采样器每次使用前须进行流量校准。

② 滤膜使用前均须进行检查，不得有针孔或任何缺陷，滤膜称量时要消除静电的影响。

③ 取清洁滤膜若干张，在恒温恒湿箱内，按平衡条件平衡 24 h，称重。每张滤膜非连续称量 10 次以上，每张滤膜的平均值为该张滤膜的原始质量，将该张滤膜作为“标准滤膜”。

④ 要经常检查采样头是否漏气。当滤膜安放正确，采样系统无漏气时，采样后滤膜上颗粒物与四周白边之间界线应当清晰，如界线不清晰，应当更换滤膜密封垫。

⑤ 当 PM_{10} 和 $PM_{2.5}$ 含量很低时，采样时间不能太短。对于精度为 0.01 mg 的分析天平，滤膜上颗粒无负载量应大于 0.1 mg，以减少误差。

⑥ 采样前后，滤膜的称量应当使用同一台分析天平。

五、实验数据处理与记录

PM_{10} 和 $PM_{2.5}$ 浓度按下式计算：

$$\rho = \frac{w_2 - w_1}{V} \div 1\ 000 \tag{1}$$

式中，ρ 为 PM_{10} 或 $PM_{2.5}$ 的浓度，mg/m^3；w_2 为采样后滤膜的质量，g；w_1 为空白滤膜的质量，g；V 为换算成标准状态（101.325 kPa，273 K）下的采样体积，m^3。

计算结果保留 3 位有效数字，将实验记录值和计算值填写在表 3-1-3 和表 3-1-4 中。

表 3-1-3　PM_{10} 和 $PM_{2.5}$ 悬浮颗粒物采样记录表

日期：＿＿＿＿＿＿＿＿＿取样点：＿＿＿＿＿环境温度：＿＿＿＿＿＿环境气压：＿＿＿＿＿＿＿

序号	时间		采样温度/K	采样气压/kPa	滤膜编号	工作点流量
	开始	结束				
1						
2						
3						

表 3-1-4　PM_{10} 和 $PM_{2.5}$ 悬浮颗粒物计算结果

日期：＿＿＿＿＿＿＿＿＿取样点：＿＿＿＿＿环境温度：＿＿＿＿＿＿环境气压：＿＿＿＿＿＿＿

序号	工作点流量	滤膜编号	采样体积/m^3	w_1/g	w_2/g	ρ/(mg/m^3)
1						
2						
3						

六、思考题

（1）何谓 PM_{10} 或 $PM_{2.5}$？它们会产生哪些危害？

（2）滤膜通常是由哪些材料做成的？

（3）城市空气中可吸入颗粒物成为主要污染物并持续污染的原因有哪些？

实验三　光学法测定粉尘粒径

一、实验目的与要求

(1) 掌握光学法测定粉尘粒径的基本原理及实验方法；

(2) 了解偏光显微镜的构造原理和操作方法；

(3) 掌握数据处理及分析方法；

(4) 了解光学法测定粉尘粒径的误差来源和解决方法。

二、实验原理

根据国际化标准组织规定，凡粒径小于 75 μm 的固体悬浮体通称为粉尘。粉尘粒径是指粒子的直径或大小，是粉尘的特征之一。粉尘颗粒的大小，不仅影响其物理化学性质，还会影响到除尘器的除尘机制和性能。颗粒为球形，则可以直径作为其代表性大小的尺寸；如果颗粒的形状不规则，一般用当量直径或粒子的某一特征长度进行表征。通常有三种形式的粒径：投影径、几何当量径和物理当量径。单个粒子的大小一般用单一粒径表示，粒子群的平均尺寸大小由平均粒径来描述。

在光学显微镜下观察并测定的粉尘粒径为投影径，包括面积等分径、定向径、长径和短径，如图 3-1-2 所示。通常使用带有刻度的接目镜来测定显微镜下光片中粉尘投影径的大小。

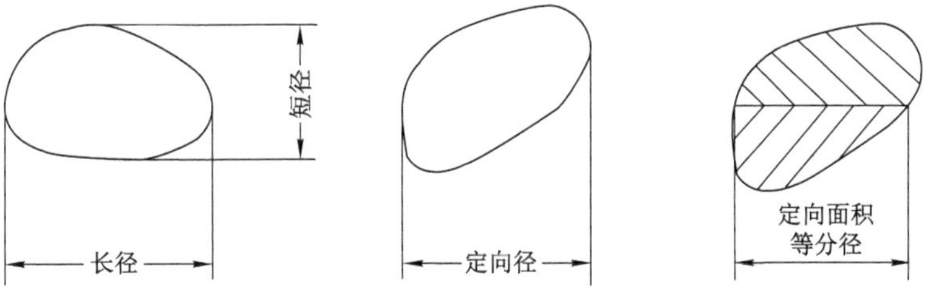

图 3-1-2　粉尘粒子的投影径

粉尘是由各种不同粒径的粒子组成的集合体，因此，在各粉尘粒子单一粒径(投影径)测定的基础上，可通过多种方法得出粉尘的分散度。常用的方法有列表法、直方图法、频率曲线法等。为了更好地了解粉尘粒径分布、比较粒子群，可以对粉尘的特征数进行计算，如算数平均径(d)、中位径(d_{50})、众径(d_m)、方差、标准差等。

三、实验仪器与设备

偏光显微镜是鉴定物质细微结构光学性质的一种显微镜。本实验应用它来测定粉尘颗粒的投影粒径。现以实验常用的 XP-200 型偏光显微镜为例，介绍其部分技术参数。

（1）目镜

放大倍数 10×，视场 ϕ18 mm。目镜中有十字丝或分度尺、方格网。十字丝上有刻度尺。

（2）物镜

相关参数见表 3-1-5。

表 3-1-5　XP-200 型偏光显微镜的物镜技术参数

类别	放大倍数	数值孔径/mm	工作距离/mm
物镜	4×	0.10	17.5
	10×	0.25	6.6
	40×	0.65	0.64
	100×（油）	1.25	0.19

① 总放大倍数：40×～1 000×（目镜放大倍数与物镜放大倍数的乘积）。

② 偏光系统：可旋转式起偏振片和观察头内置检偏振片。

③ 聚光镜数值孔径：数值孔径 N_A＝1.25。

④ 载物台：360°旋转式载物台，ϕ120 mm。

⑤ 调焦系统：带限位和调节松紧装置的同轴粗微动，微动格值为0.002 mm。

⑥ 眼瞳调节范围：53～75 mm。

⑦ 照明光源。

⑧ 物台微尺：嵌在玻璃片上的将长 1 mm（或 2 mm）分为 100（或 200）小格的显微尺，每小格等于 0.01 mm，用来测定目镜刻度尺每格所代表的长度。

四、实验方法与步骤

1. 准备工作

（1）粉尘样品光片的制备

将待测粉尘样品放入烘箱，烘干后置于干燥器中冷却备用。滴入半滴或一滴松节油于载玻片上，然后用钳子取少量粉尘样品，将粉尘均匀洒在载玻片的松节油中。待粉尘在松节油中分散均匀后，将盖玻片加于载玻片上，然后轻轻向下按（图 3-1-3）以免产生气泡，影响粉尘粒径的观察和测定。

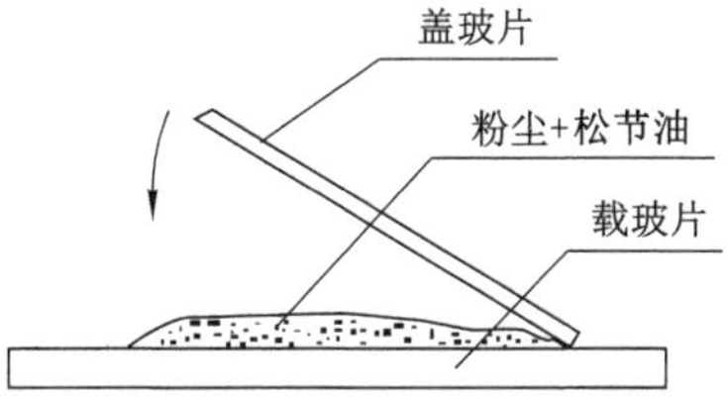

图 3-1-3　加盖玻片的方法

（2）偏光显微镜的使用

① 装卸镜头　将选用的目镜插入镜筒上端，使其十字丝位于东西、南北方向；

② 对光　转动反光镜对准光源，使视域达到最亮；

③ 准焦　将欲观察的光片置于载物台上（盖玻片必须向上），用夹子夹紧。从侧面看镜头，旋动粗动螺丝，将镜筒下降到最低位置。从目镜中观察，并拧动微动螺丝使镜筒缓慢上升，直到视物中物像清楚为止。如果视像不够清楚，可转动微动螺丝使之清楚。在显微镜下观察时，最好学会两只眼睛同时睁开，轮流观察，既保护视力又便于观察操作。

2. 粉尘投影径的测定

（1）目镜刻度尺每格所代表尺寸的测定

将物台微尺置于物台上，准焦。然后转动物台，使微尺与目镜刻度尺平行，再移动微尺使两零点对齐。仔细观察找出两小尺分格的再重合点，数出两尺子在此长度内各自的格子数。

例如：目镜刻度尺为 50 格，物台微尺为 48 格，则目镜刻度尺的每小格相当于物台微尺的 48/50 格，再乘以物台微尺每小格所代表的长度，即 $48/50 \times 0.01\ \text{mm} = 0.009\ 6\ \text{mm}$，就是该放大倍数下目镜刻度尺的实际长度。

注意：显微镜的放大倍数不同，目镜中刻度尺每格所代表的尺寸也不同。

（2）粉尘粒径的测定

在一定放大倍数下目镜刻度尺每格所代表的尺寸测定以后，将物台微尺取下，将粉尘样品光片置于物台上，依次测定光片中粉尘投影粒径的大小，并记录所测数据。实验测定的粉尘数量应不小于 50 个。

五、实验数据记录与处理

(1) 记录实验数据

① 放大倍数为____________的显微镜中目镜刻度尺每格所代表的长度为____________ μm。

② 将粉尘粒子投影粒径大小的测定结果列于表 3-1-6。

表 3-1-6 粉尘投影粒径测定数据记录表

粒子序号		1	2	3	4	5	6	7	8
面积等分径	格数/个								
	长度/μm								
定向径	格数/个								
	长度/μm								
长径	格数/个								
	长度/μm								
短径	格数/个								
	长度/μm								

(2) 数据处理

根据表 3-1-6 中的实验数据计算填写表 3-1-7,绘制粒径分布的直方图、频数曲线及累计频率曲线。

表 3-1-7 粉尘粒径分布表

序号	粒径范围/μm	平均粒径/μm	频数	相对频度/%	频度/%	筛上累计分布/%	筛下累计分布/%
1							
2							
3							
⋮							

六、思考题

（1）在显微镜下测定粉尘的投影粒径时应如何避免产生误差?

（2）在调节显微镜焦距时应注意些什么?

实验四　总悬浮颗粒物(TSP)的测定

一、实验意义和目的

总悬浮颗粒物是指能悬浮在空气中，气体动力学当量直径≤100 μm 的颗粒物，记作 TSP，是大气质量评价中的一个通用的重要污染指标。通过本实验，要求掌握质量法测定大气中总悬浮颗粒物的基本技术以及采样方法。

二、实验原理

抽取一定体积的空气，通过已恒重的滤膜，空气中粒径在 100 μm 以下的悬浮颗粒物被阻留在滤膜上，根据采样前后滤膜质量之差及采样体积，可计算总悬浮颗粒物的质量浓度。滤膜经处理后，可进行组分分析。总悬浮颗粒物浓度：

$$\mathrm{TSP}(\mathrm{mg/m^3}) = \frac{W}{Q_n \cdot t} \tag{1}$$

式中　W——采集在滤膜上的总悬浮颗粒物质量，mg；

t——采样时间，min；

Q_n——标准状态下的采样流量，m^3/min（需按配套教材《大气污染控制工程》中第二章第三节中气体换算方法将现场采样流量换算成标准状态下的采样流量）。

三、实验仪器和设备

(1) KC-120H 型智能中流量 TSP 采样器；

(2) 温度计；

(3) 气压计；

(4) 滤膜；

(5) 滤膜贮存袋；

(6) 感量 0.1 mg 的分析天平。

四、实验方法和步骤

1. 采样

(1) 每张滤膜使用前均需用光照检查，不得使用有针孔或有任何缺陷的滤膜采样。

(2) 采样滤膜在称重前需在平衡室内平衡 24 h，然后在规定条件下迅速称重，读数准确至 0.1 mg，记下滤膜的编号和质量，将滤膜平展地放在光滑洁净的纸袋内，然后贮于盒内备用。采样前，滤膜不能弯曲或折叠。

(3) 天平放置在平衡室内，平衡温度在 20～25 ℃ 之间，温度变化小于 ±3 ℃，相对湿度小于 45%，变化小于 5%。

(4) 采样时，滤膜“毛”面向上，将其放在网托上(网托事先用纸擦净)，放上滤膜夹，拧紧螺丝。盖好采样器顶盖。然后开机采样(仪器操作详见使用说明书)，调节采样流量在 100 L/min。

(5) 采样开始后 5 min 和采样结束前 5 min 各记录一次流量。用一张滤膜连续采样 3 h。

(6) 采样后，用镊子小心取下滤膜，使采样“毛”面朝内，以采样有效面积长边为中线对叠。将折叠好的滤膜放回表面光滑的纸袋并贮于盒内，取采样后的滤膜时应注意滤膜是否出现物理性损伤及采样过程中有否穿孔漏气现象，若发现有损伤、穿孔漏气现象，应作废，重新取样。

(7) 记录采样时的温度、压强。

2. 样品测定

采样后的滤膜在平衡室内平衡 24 h，迅速称重。读数准确至 0.1 mg。

五、实验数据的记录和处理

将实验数据记录于表 3-1-8 中。

表 3-1-8　总悬浮颗粒物采样记录表

采样地点：　　　　采样时温度：　　　　采样时压强：　　　　实验人员：

采样前滤膜质量/mg		采样开始时间		采样开始后 5 min 瞬时流量/(L/min)	
采样后滤膜质量/mg		采样结束时间		采样结束前 5 min 瞬时流量/(L/min)	
TSP 样品质量/mg		采样时间/s		标况下采样流量/(L/min)	
总悬浮颗粒物浓度/(mg/m³)：					

六、思考题

(1) 如果采样流量不稳定，对实验结果会有什么影响？

(2) 采样后的滤膜四周白边与颗粒物边界模糊，说明什么问题？如何解决？

实验五　电除尘器除尘效率测定

一、实验意义和目的

除尘效率是除尘器的基本技术性能之一。电除尘器除尘效率的测定是了解电除尘器工作状态和运行效果的重要手段。通过实验，要求了解影响电除尘器除尘效率的主要因素，掌握电除尘器除尘效率的测定方法。

二、实验原理

1. 总除尘效率

除尘效率最初是以所捕集粉尘的质量为基准进行计算的，但随着环境保护要求的日趋严格和科学技术的发展，现在除尘效率有的以粉尘颗粒的个数为基准进行计算；有的根据光学能见度的光学污染程度，以粉尘颗粒的投影面积为基准进行计算。本实验测定总除尘效率仍以所捕集粉尘的质量占进入除尘器的粉尘的质量分数为基准，即：

$$\eta = 1 - \frac{S_2}{S_1} \tag{1}$$

式中　S_1、S_2——除尘器进、出口的粉尘质量流量，g/s；

η——电除尘器的总除尘效率。

2. 分级除尘效率

一般来说，在粉尘密度一定的条件下，尘粒愈大，除尘效率愈高。因此，仅用总除尘效率来描述除尘器的捕集性能是不够的，应给出不同粒径粉尘的除尘效率才更为合理。后者称为分级除尘效率，以 η_i 表示。

若设除尘器进口、出口和捕集的粒径为 d_{pi} 颗粒的质量流量分别为 S_1、S_2、S_3，则该除尘器对 d_{pi} 颗粒的分级效率为：

$$\eta_i = \frac{S_{3i}}{S_{1i}} = 1 - \frac{S_{2i}}{S_{1i}} \tag{2}$$

若分别测出除尘器进口、出口和捕集的粉尘粒径频率分布 g_{1i}、g_{2i} 和 g_{3i} 中任意两组数，则可给出分级效率与总效率之间的关系：

$$\eta_i = \frac{\eta}{\eta + Pg_{2i}/g_{3i}} \tag{3}$$

式中　P——总穿透率。

本实验中，按粉尘采样的要求，选择合适的测定位置，采用标准采样管，在电除尘器进口、出口同步采样，然后通过称重可求出总除尘效率。将称重后的粉尘样进行粒径分布测定，可求出分级除尘效率。

三、实验装置、仪器和试剂

1. 装置与流程

本实验使用的装置流程示意图如图 3-1-4 所示。

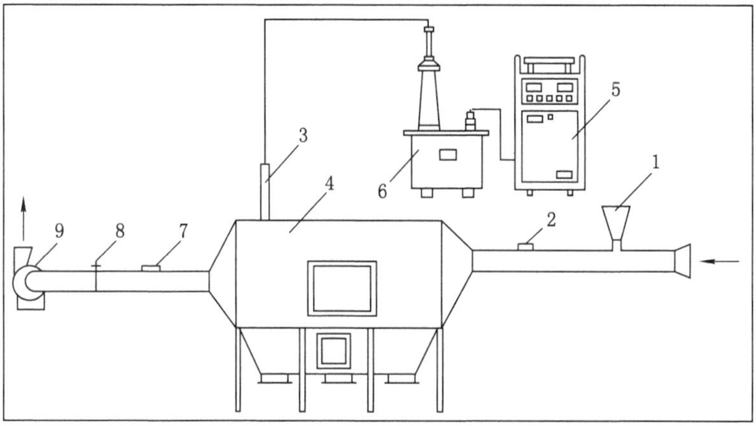

1—发尘装置；2—进口端采样口；3—高压进线箱；4—电除尘器本体；
5—高压控制柜；6—高压电源；7—出口端采样孔；8—流量调节阀；9—引风机。

图 3-1-4 实验装置流程示意图

2. 仪器设备

(1) 烟气状态、流速和含尘浓度测定所需仪器。

(2) 库尔特粒度分析仪及其配套设备 1 套。

3. 粉尘试样

实验中所选用粉尘主要有飞灰、石灰石和滑石粉等。

四、实验方法和步骤

(1) 根据要求调整电除尘器的板间距、线间距。记录放电极和收尘极形式、板间距和线间距。

(2) 仔细检查高压电源和进线路等处的接线和接地装置，确认无误后方能通电。

(3) 打开高压电源控制柜上的电源开关，按下高压启动按钮，调节输出调整旋钮，如控制柜发生跳闸报警，则关闭电源开关，检查电场内放电极是否短路，穿壁和拉线绝缘体部分是否有积灰或安装不合理处。排除故障后，再试运行。如不能再次开机，则可能是控制柜内部空气开关掉闸，合闸后即可开机。

(4) 根据板间距在表 3-1-9 中选择合适的二次电压值，调整旋钮至所需的电压值。

表 3-1-9 二次电压值的选择表

板间距/mm	300			350			400		
二次电压/kV	50	55	60	60	65	70	70	75	80

(5) 启动引风机，通过发生装置向系统加入粉尘，注意应尽量保持发尘量一定。待发尘后几分钟，根据高压电源控制柜的显示值，记录二次电压和二次电流值。

(6) 测定烟气温度、湿度和压力。

(7) 测定烟气流速，计算流量。

(8) 按照等动力采样的要求在电除尘器进口、出口处的采样孔同时采样，测定烟气中含尘浓度。

(9) 将步骤(8)中称重后的粉样，利用库尔特粒度分析仪进行分散度测定。

(10) 利用步骤(8)、(9)中测得的数据计算电除尘器总效率及分级效率。

(11) 将高压电源控制柜上的输出调节旋钮调至表 3-1-9 中的另两种操作电压，重复步骤(8)～(10)，测定不同操作条件下的总除尘效率和分级除尘效率。

(12) 通过流量调节阀将烟气流量增大和减小各一次，重复步骤(8)～(10)，测定不同流量下的总除尘效率和分级除尘效率(此时应注意发尘量需相应增减，以保持入口粉尘浓度一定)。

(13) 根据测得的分级除尘效率资料，计算不同粒径粉尘的驱进速度。

(14) 根据以上实验过程获得的数据，绘制操作电压与总除尘效率关系曲线、比集尘面积(板面积/烟气流量)与总除尘效率的关系曲线及粉尘驱进速度与分级除尘效率的关系曲线，由此分析操作条件、比集尘面积和驱进速度与效率的关系。

(15) 当各项烟气参数的测定和粉尘采样工作结束后，按下高压电源控制柜上的高压停止按钮，关闭电源开关。

五、实验数据记录与处理

关于总除尘效率和分级除尘效率测定的数据记录和处理分别见表 3-1-10 和表 3-1-11。

表 3-1-10　总除尘效率测定记录表

结构参数					
放电极形式					
收尘极形式					
线间距/mm					
板间距/mm					
烟气参数					
烟气温度/℃					
湿度(以干空气含湿量计)/(g/kg)					
压力/Pa					
平均流速/(m/s)					
烟气流量/(m^3/h)					
粉尘种类					
运行条件			二次电压/二次电流		
进口粉样称重/g	滤筒号				
出口粉样称重/g	滤筒号				
总除尘效率/%					

表 3-1-11　分级效率测定记录表

二次电压：________________kV；二次电流：____________ mA

进口粉尘总质量/g	
出口粉尘总质量/g	
粒径/μm	
进口累计分布/%	
出口累计分布/%	
分级除尘效率/%	

六、实验注意事项

(1) 实验中要注意人身安全，不要靠近高压电源、高压进线箱等处，以免发生意外；

(2) 已通过高压后，在调整放电极间距前，应通过接地棒将放电极上的电荷放掉，以免静电伤人；

(3) 经过一段时间实验后，应将放电极、收尘极和灰斗中的粉尘清理干净，以保证前后实验结果的可比性。

七、实验结果讨论

(1) 根据分级除尘效率与总除尘效率的关系，由实测的分级除尘效率计算总除尘效率，并将计算结果与实测的总除尘效率对比分析。

(2) 实验步骤中第(12)步要求发尘量随流量的增减而相应增减，试分析其原因。

实验六　粉尘粒径分布测定实验(安德逊移液管法)

通风与除尘中所研究的粉尘都是由许多大小不同粉尘粒子所组成的聚合体。粉尘的粒径分布也叫分散度,即粉尘中各种粒径或粒径范围的尘粒所占的百分数。以数量统计形式表征的粉尘粒径分布称为粉尘粒径数量分布;以质量统计形式表征的粉尘粒径分布称为粉尘粒径质量分布。

粉尘的粒径分布不同,其对人体的危害以及除尘的机理也都不同,掌握粉尘的粒径分布是进行除尘器设计和研究的基本条件。

一、实验目的

(1) 掌握使用移液管法测定粉体粒度分布的原理和方法;

(2) 加深对 Stokes(斯托克斯)颗粒沉降速度方程的理解,灵活运用该方程;

(3) 根据粒度测试数据,能作出粒度累计分布曲线主频率分布曲线。

二、实验原理

本实验使用液体重力沉降法(安德逊移液管法)来测定分析粉尘的粒径分布。

液体重力沉降法是根据不同大小的粒子在重力作用下,在液体中的沉降速度各不相同这一原理设计的。粒子在液体(或气体)介质中作等速自然沉降时所具有的速度,称为沉降速度,其大小可以用斯托克斯公式表示。

$$v_t = \frac{(\rho_p - \rho_L)gd_p^2}{18\mu} \tag{1}$$

式中　v_t——粒子的沉降速度,cm/s;

μ——液体的动力黏度,g/(cm · s)

ρ_p——粒子的真密度,g/cm³;

ρ_L——液体的密度,g/cm³;

g——重力加速度,981 cm/s²;

d_p——粒子的直径,cm。

由式(1) 可得

$$d_p = \sqrt{\frac{18\mu v_t}{(\rho_p - \rho_L)g}} = \sqrt{\frac{18\mu H}{(\rho_p - \rho_L)gt}} \tag{2}$$

式中　H——粒子的沉降高度,cm;

t——粒子的沉降时间,s。

这样，粒径便可以根据其沉降速度求得。由于沉降速度是沉降高度与沉降时间的比值，以此替换沉降速度，使上式变为

$$t = \frac{18\mu H}{(\rho_p - \rho_L)gd_p^2} \tag{3}$$

颗粒在液体中的沉降情况可用图 3-1-5 表示。粉样放入玻璃瓶内某种液体介质中，经搅拌后，使粉样均匀地扩散在整个液体中，如图 3-1-5 中状态甲。经过 t_1 后，因重力作用，悬浮体由状态甲变为状态乙。在状态乙中，直径为 d_1 的粒子全部沉降到虚线以下，由状态甲变到状态乙，所需时间为 t_1。根据式(3) 应为

$$t_1 = \frac{18\mu H}{(\rho_p - \rho_L)gd_1^2}$$

粒径为 d_2 粒子全部沉降到虚线以下(即达到状态丙)所需时间为

$$t_2 = \frac{18\mu H}{(\rho_p - \rho_L)gd_2^2}$$

同理：

$$t_i = \frac{18\mu H}{(\rho_p - \rho_L)gd_i^2}$$

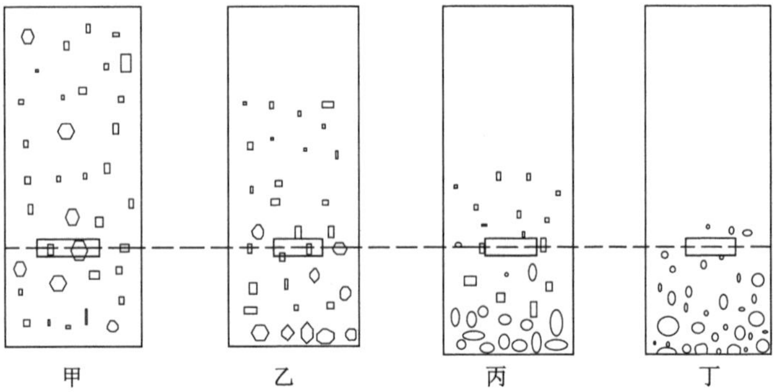

图 3-1-5　颗粒在液体中的沉降状态示意图

根据上述关系，将粉体试样放在一定液体介质中自然沉降，经过一定时间后，不同直径的粒子将分布在不同高度的液体介质中。根据这种情况，在不同沉降时间、不同沉降高度上取出一定量的液体，称量出其所含有的粉体质量，便可以测定出粉体的粒径分布。

三、仪器与材料

液体重力沉降瓶(图 3-1-6)、称量瓶、恒温水浴、分析天平、烘箱、干燥器、秒

表、温度计、烧杯、1 000 mL 及 100 mL 量筒，球形漏斗容积 10 mL 等。

分散液：六偏磷酸钠水溶液，浓度为 0.003 mol/L。

粉尘：滑石粉，真密度为 2.7 g/cm^3。

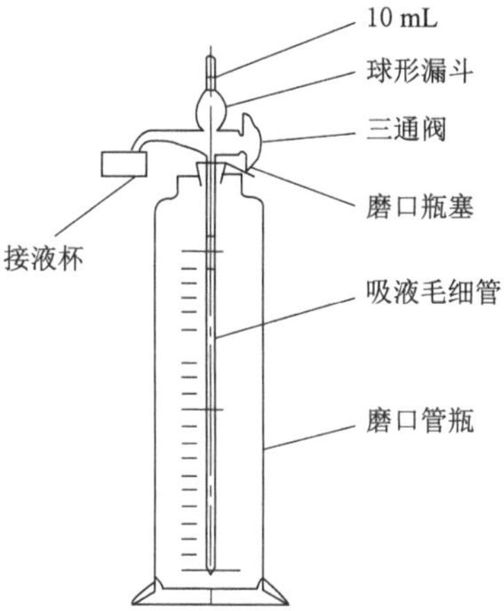

图 3-1-6　安德逊移液管瓶

四、实验步骤

(1) 沉降瓶有效容积 V 的检定。

① 加水至略低于沉降瓶标线处，用温度计测定水温并记录；

② 插入吸液管，并使三通旋塞置于吸液状态，调节水面准确到 20 cm 标线；

③ 取出吸液管，将沉降瓶中的水移至 1 000 mL 量筒中，测定体积 V。

(2) 吸液一次液面下降高度 Δh 的标定。

① 与步骤(1)的①、②相同；

② 用吸液管连续 n 次抽吸、排液，记录相应液面下降总高度 H_n，则每次吸液后，液面下降高度 $\Delta h = H_n / n$。

(3) 测定移液管有效长度—20 cm 标线至底部的长度。

(4) 将粉样按粒径大小分组(如 50～40 μm、40～30 μm、30～20 μm、20～10 μm、10～5 μm)，按式(3)计算出每组内最大粉粒由液面沉降到移液管底部所需的时间，即该粒径的预定吸液时间，并把它填入记录表内。

(5) 悬浊液的制备与装入。

① 称取约 6 g 干燥过的粉体，精确至 0.01 mg，放入烧杯中，先向烧杯中加入 50～100 mL 的分散液，使粉体全部润湿后，再加液到 300 mL 左右。

② 把悬浊液搅拌 15 min 左右，倒入沉降瓶中，把移液管插入沉降瓶中，然后由通气孔继续加分散液直到零刻度线(即 600 mL)为止。

(6) 测定。

① 一手持沉降管底部，另一手执其上部，并以手指堵住通气孔，将沉降管作上下振荡，并时而倾倒振荡，持续 2～3 min。振荡终了时，迅速反复倾倒。然后置于平台上，按下秒表，作为沉降开始时刻($t=0$)。

② 按步骤(4)计算出的预定吸液时间进行吸液。匀速向外拉注射器，使液体沿移液管缓缓上升至 10 mL 刻度线，立即关闭活塞，使液体和排液管相通，匀速向里推注射器，使 10 mL 液体被压入已称重的称量瓶(注意要先做好编号)内。然后由排液管吸蒸馏水冲洗 10 mL 容器，冲洗水排入称量瓶中，冲洗进行 2～3 次。

按上述步骤根据计算的预定吸液时间依次操作，直至最小粒径为止。

③ 试样的干燥和称量

把全部称量瓶放入电烘箱中，在低于 100 ℃ 的温度下烘干，然后再置于干燥器内，冷却至常温，取出称量。

(7) 吸液应注意的问题。

① 每次吸 10 mL 样品要在 15 s 左右完成，则开始吸液时间应比计算的预定吸液时间提前 7.5 s(0.5×15=7.5 s)。

② 每次吸液体积应力求为 10 mL，太多或太少的样品应作废。

③ 吸液应匀速，不允许移液管中液体倒流。

④ 向称量瓶中排液时，应防止液体流出。

五、数据记录与处理

1. 数据记录

将测定实验数据记录于表 3-1-12、表 3-1-13。

表 3-1-12 吸液管检定、试样及分散液物性

沉降管	沉降管有效容积 V/mL	
	吸液一次液面下降值 Δh/cm	
	沉降管中吸液管有效长度/cm	
试样	试样名称	
	真密度/(g/cm^3)	
	试样质量/mg	

表 3-1-12(续)

分散液	分散剂名称	
	分散液温度/℃	
	分散液黏度/[g/(cm·s)]	
	分散剂浓度/(g/L)	
	10 mL 分散液含分散剂质量 m_d/g	

表 3-1-13 测试结果

抽吸次数	项目					
	1	2	3	4	5	6
沉降高度 H_i/cm						
粒径 d_i/μm	50	40	30	20	10	
沉降时间 t_i/s						
称量瓶编号						
空称量瓶质量 m_{0i}/g						
试样烘干后称量瓶质量 P_i/g						
称量瓶增重(P_i-m_{0i})/g						
粉体试样质量/g $m_i=P_i-m_{0i}-m_d$						
筛下累计百分数 F_i/%						

2. 数据处理

各粒径的筛下累计百分数按下式计算：

$$F_i=\frac{P_i-m_{0i}-m_d}{m_c}$$

式中 F_i——粒径为 d_i 的粉尘的筛下累计百分数，%；

m_c——10 mL 原始样液的含尘量，g。

根据表 3-1-13 作出质量累积频率分布曲线和质量密度分布曲线(可用 Excel 处理)。

例如：20 ℃ 时，水的黏度为 1.002×10^{-3} Pa·s=0.010 02 g/(cm·s)。具体见表 3-1-14。

表 3-1-14　水的黏度　　单位：$\times 10^{-3}$ Pa・s

温度/℃	0	1	2	3	4	5	6	7	8	9
0	1.787	1.728	1.671	1.618	1.567	1.519	1.472	1.428	1.386	1.346
10	1.307	1.271	1.235	1.202	1.169	1.139	1.109	1.081	1.053	1.027
20	1.002	0.977 9	0.954 8	0.932 5	0.911 1	0.890 4	0.870 5	0.851 3	0.832 7	0.814 8
30	0.797 5	0.780 8	0.764 7	0.749 1	0.734 0	0.719 4	0.705 2	0.691 5	0.678 3	0.665 4
40	0.652 9	0.640 8	0.629 1	0.617 8	0.606 7	0.596 0	0.585 6	0.575 5	0.565 6	0.556 1

注：1 P(泊)＝1 g/(cm・s)＝0.1 Pa・s。

六、实验结果讨论

（1）用吸液管吸液时，吸液速度过大或过小对测定结果有什么影响？

（2）为什么吸液过程中不允许吸液管内液体倒流？

实验七 粉尘比电阻的测定

一、实验意义和目的

粉尘的比电阻是一项有实用意义的参数。如考虑将电除尘器和电强化布袋除尘器作为某一烟气控制工程的待选防尘装置时，必须取得烟气中粉尘的比电阻值。通过此实验，要求掌握粉尘比电阻的测量方法。

二、实验原理

在两块平行的导体板之间堆积某种粉尘，对两导体施加一定电压(U)时，将有电流通过堆积的粉尘层。电流(I)的大小正比于电流通过粉尘层的面积，反比于粉尘层的厚度。此外 I 还与粉尘的介电性质、粉尘的堆积密实程度有关。但是，通过堆积尘层的电流 I 和施加电压 U 的关系不符合欧姆定律，即比值 U/I 不等于定值，它随 U 的大小而改变。粉尘比电阻的定义式为：

$$\rho = \frac{UA}{Id} \tag{1}$$

式中 ρ——比电阻，Ω·cm；

U——加在粉尘层两端面间的电压，V；

I——粉尘层中通过的电流，A；

A——粉尘层端面面积，cm^2；

d——粉尘层厚度，cm。

粉尘比电阻的测试方法可分成两类：第一类方法是将比电阻测试仪放进烟道，通高压直流电使气体中的粉尘沉淀在测试仪的两个电极之间，再通过电气仪表测出流过粉尘沉积层的电流和电压，换算后可得到比电阻值。这类方法的特点是：利用一种装置既在烟道中采集粉尘试样，又在采样位置完成对采得尘样的比电阻测量。第二类方法是在实验室控制的条件下测量尘样的比电阻。本实验采用第二类方法。

三、实验装置

1. 比电阻测试皿

它是由两个不锈钢电极组成的。安装时处于下方的固定电极做成平底敞口浅碟形，底面直径 7.6 cm，深 0.5 cm。它也是盛待测粉尘的器皿。固定电极的上方设一个可升降的活动电极，它是一块圆板，直径为 2.5 cm，活动电极底面的面积也就是粉尘层通电流的端面面积。为了消除电极边缘通电流的边缘效应，活动电极周围装有保护环，保护环与活动电极之间有一狭窄的空隙。比电阻的测量值与加在粉尘层上的压力有关。一般规定该压力为 1 kPa，达到这一要求的活动电极的设计如图 3-1-7 所示。

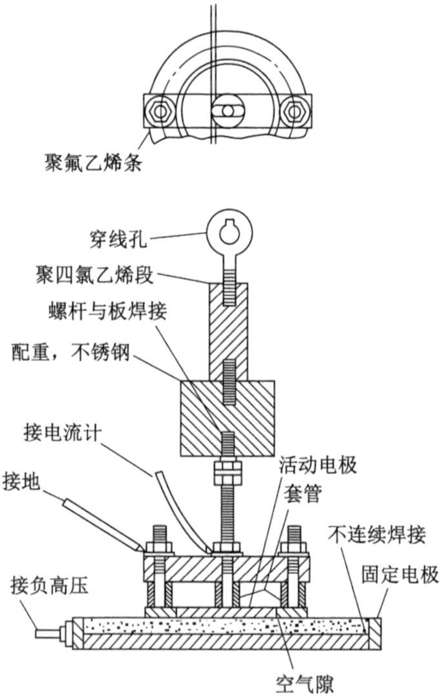

图 3-1-7　比电阻测试皿

2. 高压直流电源

这一电源是供测量时施加电压用的，它应能连续地调节输出电压。调压范围约 0～10 kV。电压表用于测量粉尘层两端面间的电压。粉尘层的介电性可能出现很高的值，因此与它并联的电压表必须具有很高的内阻，如采用 Q5-V 型静电电压表。测量通过粉尘层的电流可用 C46-μA 型。供电和仪表的连接见图 3-1-8。

3. 恒温箱

粉尘比电阻随温度改变而改变。在没有提出指定测试温度的情况下，一般报告中给出的是 150 ℃时测得的比电阻值。而测量环境中水汽体积分数规定

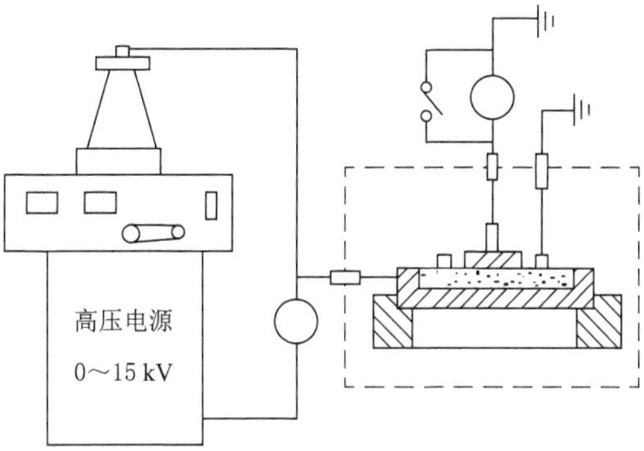

图 3-1-8　测量线路

为 0.05。为此应装备可调温调湿的恒温箱，将比电阻测试皿装在恒温箱中，活动电极的升降通过伸出箱外的轴进行操作。

四、实验方法和步骤

(1) 取待测尘样 300 g 左右，置于一耐高温浅盒内，并将其放入恒温箱内烘 2 h，恒温箱的温度调到 150 ℃。

(2) 用小勺舀待测粉尘装满比电阻测试皿的下盘，并取一直边刮板从盘的顶端刮过，使尘面平整。小心地将盘放到绝缘底座上。注意，勿过猛振动灰盘，不要烫伤。通过活动电极调节轴的手轮将活动电极缓慢下降，使它以自身重量压在灰盘中的粉尘的表面上。

(3) 接通高压电源，调节电压输出旋钮，逐步升高电压，每步升 50 V 左右，记录通过粉尘层的电流和施加的电压。如出现电流值突然大幅度上升，高压电压表读数下降或摇摆，表明粉尘层内发生了电击穿，应立即停止升压，并记录击穿电压。然后将输出电压调回到零，关断高压电源。

(4) 将活动电极升高，取出灰盘，小心地搅拌盘中粉尘使击穿时粉尘层中出现的通道得到弥合，再刮平（或重新换粉尘）。重复步骤(2)和(3)，测量击穿电压 3 次。取 3 次测量值 U_{B1}、U_{B2}、U_{B3} 的平均值 U_B。

(5) 关断高压。按照步骤(2)，在盘中重装一份粉尘。按照步骤(3)调节电压输出旋钮，使电压升高到击穿电压 U_B 值的 0.85～0.95 倍。记录高压电压表和微电流表的读数。根据比电阻定义式计算比电阻(ρ)值。

(6) 另装两份粉尘，按以上步骤重复测量 ρ 值。

五、实验数据记录与处理

将实验数据记录于表 3-1-15 和表 3-1-16 中。

表 3-1-15 击穿电压测量记录表

粉尘来源：________ 恒温箱烘尘温度：________ ℃ 恒温箱水汽体积分数：________

第一次										
U/kV										U_{B1}/V
I/μA										
第二次										
U/kV										U_{B2}/V
I/μA										
第三次										
U/kV										U_{B3}/V
I/μA										

平均击穿电压 U_B：________。

表 3-1-16 比电阻测定记录表

指标	尘样 1	尘样 2	尘样 3
U/I			
I/A			
ρ/(Ω·cm)			

平均比电阻 ρ：________。

六、实验结果讨论

(1) 本实验采用的方法仅适合比电阻超过 1×10^7 Ω·cm 的粉尘。假如仍用这种方法测量 1×10^6 Ω·cm 以下的粉尘比电阻，可能遇到什么困难？

(2) 假如先将待测粉尘放在较高的温度下烘烤，再让它冷却到规定温度时测量比电阻，是否得到按本实验指定程序测得的同样结果？

第二节　综合性实验

实验一　旋风除尘器性能测定

一、实验目的

旋风除尘器是利用旋转的含尘气体所产生的离心力，将尘粒从气流中分离出来的一种气固分离装置。通过本实验，进一步提高学生对旋风除尘器结构形式和除尘机理的认识；掌握旋风除尘器主要性能指标测定内容和方法，并且对影响旋风除尘器性能的主要因素有较全面的了解；通过实验方案设计和实验结果分析，加强学生综合应用和创新能力的培养。实验内容如下：

(1) 管道中各点流速和气体流量的测定；

(2) 旋风除尘器的压力损失的测定；

(3) 旋风除尘器的除尘效率的测定。

二、实验原理和方法

当含尘气体从入口导入除尘器的外壳和排气管之间，形成旋转向下的外旋流。悬浮于外旋流的粉尘在离心力的作用下移向器壁，并随外旋流转到除尘器下部，由排尘孔排出。

1. 气体温度和含湿量的测定

由于除尘系统吸入的是室内空气，所以近似用室内空气的温度和湿度代表管道内气流的温度 t_s 和湿度 y_w。由挂在室内的干湿球温度计测量的干球温度和湿球温度，可查得空气的相对湿度 ϕ，由干球温度可查得相应的饱和水蒸气压力 P_v，则空气所含水蒸气的体积分数：

$$y_w = \phi \frac{p_v}{p_a} \tag{1}$$

式中　p_v——饱和水蒸气压力，kPa；

p_a——当地大气压力，kPa。

2. 管道中各点气流速度的测定

当干烟气组分同空气近似，露点温度在 35～55 ℃ 之间，烟气绝对压力在 $0.99\times10^5 \sim 1.03\times10^5$ Pa 时，可用下列公式计算烟气管道流速：

$$v_0 = 2.77K_P\sqrt{T}\sqrt{p} \tag{2}$$

式中 v_0——烟气管道流速，m/s；

K_P——毕托管的校正系数，$K_P=0.84$；

T——烟气温度，℃；

$\sqrt{p}$——各动压方根平均值，Pa。

$$\sqrt{p} = \frac{\sqrt{p_1}+\sqrt{p_2}+\cdots+\sqrt{p_n}}{n} \tag{3}$$

式中 p_n——任一点的动压值，Pa；

n——动压的测点数。

3. 管道中气体流量的测定

气体流量计算公式：

$$Q_s = A \cdot v_0 \tag{4}$$

式中 A——管道横断面积，m^2。

4. 旋风除尘器压力损失的测定

本实验采用静压法测定旋风除尘器的压力损失。由于本实验装置中除尘器进、出口接管的断面积相等，气流动压相等，所以除尘器压力损失等于进、出口接管断面静压之差，即：

$$\Delta p = p_1 - p_2 \tag{5}$$

式中 p_1——除尘器入口处气体的全压或静压，Pa；

p_2——除尘器出口处气体的全压或静压，Pa。

5. 除尘效率的测定与计算

除尘效率采用质量浓度法测定，即用等速采样法同时测出除尘器进、出口管道中气流平均含尘浓度 c_1 和 c_2，按下式计算：

$$\eta = \left(1-\frac{c_2Q_2}{c_1Q_1}\right)\times 100\% \tag{6}$$

三、实验装置和仪器

1. 实验装置与流程

旋风除尘器实验装置与流程如图 3-2-1 所示。

2. 实验装置主要技术数据

① 气体动力装置布置为负压式；

② 气体进口管：直径 110 mm；

③ 气体出口管：直径 110 mm；

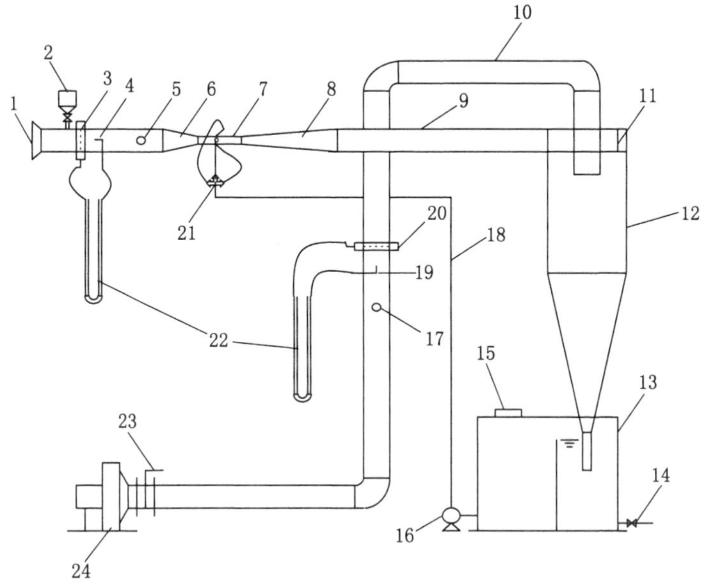

1—喇叭形均流管;2—粉尘布灰斗;3—静压测口 1;4—动压测口 1;5—取样口 1; 6—渐缩管;
7—喉管;8—渐扩管;9—进风管;10—出风管;11—切入口;12—旋风分离器;13—集水槽;
14—放空阀;15—加水口;16—耐腐泵;17—取样口 2; 18—进水流量计;19—动压测口 2;
20—静压测口 2;21—分配接头;22—U 型管压差计;
23—风量调节阀;24—高压离心风机。

图 3-2-1 旋风除尘器实验装置与流程示意图

④ 旋风分离器:直筒直径 250 mm;高 400 mm;

⑤ 旋风分离器进口连接尺寸:90 mm×65 mm;

⑥ 末端进口尺寸:90 mm×35 mm;

⑦ 下锥体:高 600 mm;出液口:直径 90 mm;

⑧ 使用粉尘名称:滑石粉;

⑨ 装置总高:1 650 mm;装置总长:1 960 mm;装置总宽:550 mm;

⑩ 主要材质:壳体由有机玻璃制成;

⑪ 风机电源电压:三相 380 V。

3. 实验仪器

(1) 干湿球温度计 1 支; (2) 标准风速测定仪 1 台;

(3) 空盒式气压表 1 个; (4) 秒表 1 个;

(5) 钢卷尺　1个；
(6) 光电分析天平(分度值1/1 000 g)　1台；
(7) 倾斜式微压计　3台；
(8) 托盘天平(分度值为1 g)　1台；
(9) 毕托管　2支；
(10) 干燥器　2个；
(11) 烟尘采样管　2支；
(12) 鼓风干燥箱　1台；
(13) 烟尘测试仪　2台；
(14) 超细玻璃纤维无胶滤筒　10个。

四、实验方法和步骤

1. 实验准备工作

测量记录室内空气的干球温度(即除尘系统中气体的温度)、湿球温度及相对湿度,计算空气中水蒸气体积分数(即除尘系统中气体的含湿量);测量记录当地大气压力;测量记录除尘器进、出口测定断面直径和断面面积,确定测定断面分环数和测点数,求出各测点距管道内壁的距离,并用胶布标志在毕托管和采样管上。

2. 实验步骤

(1) 将旋风除尘器进、出口断面的静压测孔与倾斜微压计连接,作好各断面气体静压的测定准备。

(2) 启动风机,调整风机入口阀门,使之达到实验要求的气体流量,并固定阀门。

(3) 在除尘器进、出口测定断面同时测量记录各测点的气流动压。关闭风机。

(4) 计算并记录各测点气流速度、各断面平均气流速度、除尘器处理气体流量(Q_s)。

(5) 用托盘天平称好一定量尘样(S),做好发尘准备。

(6) 启动风机和发尘装置,调整好发尘浓度(c_1),使实验系统运行达到稳定。

(7) 测定除尘效率:保持风量,尽可能维持进口粉尘浓度不变,观察除尘系统中含尘气流的变化情况。关闭风机后,然后称量,计算除尘效率。

(8) 改变系统风量,重复上述试验,确定旋风除尘器在各种工况下的性能。

(9) 停止发尘,关闭风机。

五、实验数据记录与处理

1. 旋风除尘器处理气体流量与压力损失的测定

将测定结果记录于表3-2-1中。

表 3-2-1　旋风除尘器处理风量测定结果记录表

实验日期：________________　实验人员：________________

当地大气压力 p/kPa	烟气干球温度/℃	烟气湿球温度/℃	烟气相对湿度 ϕ/%	除尘器管道横断面积 A/m²	除尘器入口面积 F/m²

测定次数	除尘器进气管			除尘器排气管			Δp	v_0	Q_s	v_1
	K_1	Δl_1	p_1	K_2	Δl_2	p_2				
1										
2										
3										
4										
5										

注：K_1、K_2—微压计倾斜系数；Δl_1、Δl_2—微压计读数，mm；p_1、p_2—静压，Pa；Δp—压力损失；v_0—含尘气体管道流速，m/s；Q_s—风量，m³/h；v_1—含尘气体入口流速，m/s。

2. 除尘效率的测定

除尘效率测定数据按表 3-2-2 记录整理。

表 3-2-2　除尘效率测定结果记录表

测定次数	除尘器进口气体含尘浓度						除尘器出口气体含尘浓度						除尘效率/%
	采样流量/(L/min)	采样时间/min	采样体积/L	滤筒初质量/g	滤筒总质量/g	粉尘浓度/(mg/m³)	采样流量/(L/min)	采样时间/min	采样体积/L	滤筒初质量/g	滤筒总质量/g	粉尘浓度/(mg/m³)	
1													
2													
3													
4													
5													

3. 压力损失、除尘效率与入口含尘气体流速 v_1 的关系

整理不同(v_1)下的 Δp、η 资料，绘制 v_1-Δp 和 v_1-η 实验性能曲线，分析入口含尘气体流速对旋风除尘器压力损失、除尘效率的影响。

六、实验结果讨论

（1）通过实验，你对旋风除尘器全效率和阻力随入口含尘气体流速的变化规律得出什么结论？它对除尘器的选择和运行使用有何意义？

（2）实验中还存在什么问题？应如何改进？

（3）当用静压法测定风量时，在清洁气流中测定和在含尘气流中测定的数值是否相等？哪一个数值更接近除尘器的运行工况？为什么？

（4）用质量法和采样浓度计算的除尘效率，哪一个更准确些？为什么？

实验二　机械振打袋式除尘器性能测定

一、实验目的

袋式除尘器利用织物过滤含尘气体使粉尘沉积在织物表面上以达到净化气体的目的，是一种在工业废气除尘方面应用广泛的高效除尘器。本实验主要研究这类除尘器的性能。袋式除尘器的除尘效率和压力损失须由实验测定。

通过本实验，学生可进一步提高对袋式除尘器结构形式和除尘机理的认识；掌握袋式除尘器主要性能的实验研究方法；了解过滤速度对袋式除尘器压力损失及除尘效率的影响；提高对除尘技术基本知识和实验技能的综合应用能力，以及通过实验方案设计和实验结果分析，加强创新能力的培养。

二、实验原理与方法

袋式除尘器性能与结构形式、滤料种类、清灰方式、粉尘特性及其运行参数等因数有关。本装置在结构、滤料种类、清灰方式和粉尘特性已定的前提下，测定袋式除尘器性能指标并在此基础上，测定运行参数 Q_s、V_F 对除尘器压力损失(ΔP)和除尘效率(η)的影响。

1. 气体温度和含湿量的测定

由于除尘系统吸入的是室内空气，所以近似用室内空气的温度和湿度代表管道内气流的温度 t_s 和湿度 y_w。由挂在室内的干湿球温度计测量的干球温度和湿球温度，可查得空气的相对湿度 ϕ，由干球温度可查得相应的饱和水蒸气压力 p_v，则空气所含水蒸气的体积分数：

$$y_w = \phi \frac{p_v}{p_a} \tag{1}$$

式中　p_v——饱和水蒸气压力，kPa；

p_a——当地大气压力，kPa。

2. 管道中各点气流速度的测定

当干烟气组分同空气近似，露点温度在 35～55 ℃ 之间，烟气绝对压力在 0.99×10^5～1.03×10^5 Pa 时，可用下列公式计算烟气管道流速：

$$v_0 = 2.77K_P\sqrt{T}\sqrt{p} \tag{2}$$

式中　v_0——烟气管道流速，m/s；

K_P——毕托管的校正系数，$K_P=0.84$；

T——烟气温度,℃;

$\sqrt{p}$——各动压方根平均值,Pa。

$$\sqrt{p}=\frac{\sqrt{p_1}+\sqrt{p_2}+\cdots+\sqrt{p_n}}{n} \tag{3}$$

式中 p_n——任一点的动压值,Pa;

n——动压的测点数。

3. 管道中气体流量的测定

气体流量计算公式:

$$Q_s=A\cdot v_0 \tag{4}$$

式中 A——管道横断面积,m^2。

测定袋式除尘器处理气体量(Q_s),应同时测出除尘器进、出口连接管道中的气体流量,取其平均值作为除尘器的处理气体流量。

$$Q_s=\frac{Q_{s1}+Q_{s2}}{2} \tag{5}$$

式中 Q_{s1}、Q_{s2}——分别为袋式除尘器进、出口连接管道中的气体流量,m^3/s。

除尘器漏风率(δ)按下式计算:

$$\delta=\frac{Q_{s1}-Q_{s2}}{Q_{s1}}\times 100\% \tag{6}$$

一般要求除尘器的漏风率小于±5%。

4. 过滤速度 v_F 的计算

$$v_F=\frac{60Q_s}{F}(m/min) \tag{7}$$

式中 F——袋式除尘器总过滤面积,m^2。

5. 压力损失的测定和计算

袋式除尘器压力损失(Δp)由通过清洁滤料的压力损失(Δp_f)和通过颗粒层的压力损失(Δp_p)组成。袋式除尘器的压力损失(Δp)为除尘器进、出口管中气流的平均全压之差。当袋式除尘器进、出口管的断面面积相等时,则可采用其进、出口管中气体的平均静压之差计算,即:

$$\Delta p=p_1-p_2 \tag{8}$$

式中 p_1——除尘器入口处气体的全压或静压,Pa;

p_2——除尘器出口处气体的全压或静压,Pa。

袋式除尘器的压力损失与其清灰方式和清灰制度有关。当采用新滤料时,应预先发尘运行一段时间,使新滤料在反复过滤和清灰过程中,残余粉尘基本达到稳定后再开始实验。

考虑到袋式除尘器在运行过程中，其压力损失随运行时间产生一定变化。因此，在测定压力损失时，应每隔一定时间，连续测定（一般可考虑 5 次），并取其平均值作为除尘器的压力损失（Δp）。

6. 除尘效率的测定和计算

除尘效率采用质量浓度法测定，即用等速采样法同时测出除尘器进、出口管道中气流平均含尘浓度 c_1 和 c_2，按下式计算。

$$\eta = \left(1 - \frac{c_2 Q_{s2}}{c_1 Q_{s1}}\right) \times 100\% \tag{9}$$

由于袋式除尘器效率高，除尘器进、出口气体含尘浓度相差较大，为保证测定精度，可在除尘器出口采样时适当加大采样流量。

7. 压力损失、除尘效率与过滤速度关系的分析测定

机械振打袋式除尘器的过滤速度可通过改变风机入口阀门开度来调整。当然，应要求在各组实验中，保持除尘器清灰周期固定，除尘器进口气体含尘浓度（c_1）基本不变。

为保持实验过程中 c_1 基本不便，可根据发尘量（S）、发尘时间（t）和进口气体流量（Q_{s1}），按下式估算出入口含尘浓度（c_1）。

$$c_1 = \frac{S}{tQ_{s1}} (\mathrm{g/m^3}) \tag{10}$$

三、实验装置和仪器

1. 实验装置与流程

本除尘器共 6 条滤袋，总过滤面积为 0.26 m^2，滤料选用 208 工业涤纶绒布。除尘器在实验过程中能定量地连续供给粉尘，处理气体流量和过滤速度，方便控制发尘浓度。实验装置见图 3-2-2。

2. 实验装置主要技术数据

（1）气体流动方式为内滤逆流式，动力装置布置为负压式。

（2）气体进风管：直径 75 mm；气体出风管：直径 75 mm。

（3）装置共有 6 个滤袋，滤袋直径为 140 mm，滤袋高度为 600 mm。

（4）滤袋材料为 208 涤纶绒布。规格：透气性 10 m^3/(m^2 · min)、厚度 2 mm、克重 550 g/m^2。

（5）过滤面积：0.26 m^2。

（6）装置总高：1 650 mm；装置总长：1 960 mm；装置总宽：550 mm。

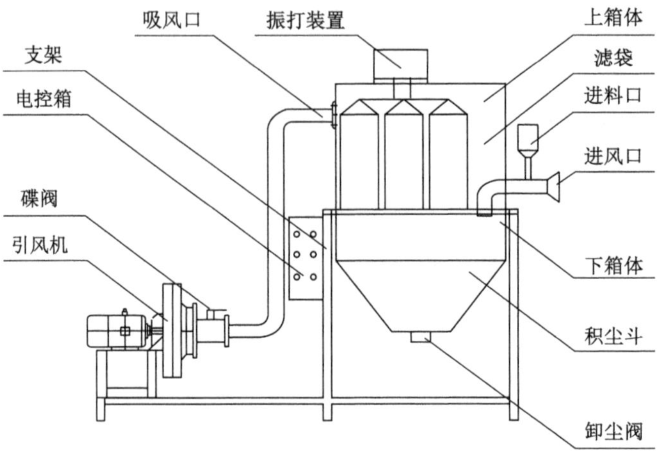

图 3-2-2 袋式除尘器性能实验流程图

(7) 振打频率 50 次/min。

(8) 主要材质:壳体由有机玻璃制成。

(9) 风机电源电压:三相 380 V。

(10) 振打电机电压:220 V/25 W。

3. 实验仪器

(1) 干湿球温度计 1 支; (2) 标准风速测定仪 1 台;

(3) 空盒式气压表 1 个; (4) 秒表 1 个;

(5) 钢卷尺 1 个; (6) 光电分析天平(分度值 1/1 000 g) 1 台;

(7) 倾斜式微压计 3 台; (8) 托盘天平(分度值为 1 g) 1 台;

(9) 毕托管 2 支; (10) 干燥器 2 个;

(11) 烟尘采样管 2 支; (12) 鼓风干燥箱 1 台;

(13) 烟尘测试仪 2 台; (14) 超细玻璃纤维无胶滤筒 10 个。

四、实验方法和步骤

1. 实验准备工作

测量记录室内空气的干球温度(即除尘系统中气体的温度)、湿球温度及相对湿度,计算空气中水蒸气体积分数(即除尘系统中气体的含湿量);测量记录当地大气压力;记录袋式除尘器型号规格、滤料种类、总过滤面积;测量记录除尘器进、出口测定断面直径和断面面积,确定测定断面分环数和测点数,求出各测点距管道内壁的距离，并用胶布标志在毕托管和采样管上。

2. 实验步骤

(1) 将除尘器进、出口断面的静压测孔与倾斜微压计连接，作好各断面气体静压的测定准备。

(2) 启动风机，调整风机入口阀门，使之达到实验要求的气体流量，并固定阀门。

(3) 在除尘器进、出口测定断面同时测量记录各测点的气流动压。

(4) 计算并记录各测点气流速度、各断面平均气流速度、除尘器处理气体流量(Q_s)、漏风率(δ)和过滤速度(V_F)。

(5) 用托盘天平称好一定量尘样(S)，作好发尘准备。

(6) 启动风机和发尘装置，调整好发生浓度(c_1)，使实验系统运行达到稳定(1 min 左右)。

(7) 测量进、出口含尘浓度。进口采样 3 min，出口采样 15 min。

(8) 在进行采样的同时，测定记录除尘器压力损失。压力损失亦应在除尘器处于稳定运行状态下，每间隔 3 min，连续测定并记录 5 次数据，取其平均值 ΔP 作为除尘器的压力损失。

(9) 采样完毕，取出滤筒包好，置入鼓风干燥箱烘干后称重。计算出除尘器进、出口管道中气体含尘浓度和除尘效率。

(10) 停止风机和发尘装置，进行清灰振动 10 次。

(11) 改变入口气体流量，稳定运行 1 min 后，按上述方法，共测取 5 组数据。

(12) 实验结束。整理好实验用的仪表、设备。

五、实验数据记录与处理

1. 处理气体流量和过滤速度

按表 3-2-3 记录和整理数据。按式(5)计算除尘器处理气体量，按式(6)计算除尘器漏风率，按式(7)计算除尘器过滤速度。

2. 压力损失

按表 3-2-4 记录整理数据。按式(8) 计算压力损失，并取 5 次测定数据的平均值(ΔP)作为除尘器压力损失。

3. 除尘效率

除尘效率测定数据按表 3-2-5 记录整理，除尘效率按式(9) 计算。

表 3-2-3　袋式除尘器处理风量测定结果记录表

实验日期：______　实验人员：______

除尘器型号、规格	除尘器过滤面积 F/m^2	当地大气压力 p/kPa	烟气干球温度/℃	烟气湿球温度/℃	烟气相对湿度/%

测定次数	除尘器进气管				除尘器排气管				Q_s	v_F	δ
	K_1	A_1	p_1	Q_{s1}	K_2	A_2	p_2	Q_{s2}			
1											
2											
3											
4											
5											

注：K_1、K_2—微压计倾斜系数；p_1、p_2—静压，Pa；A_1、A_2—横截面积，m^2；Q_{s1}、Q_{s2}—风量，m^3/s；v_F—除尘器过滤速度，m/min；δ—除尘器漏风率。

表 3-2-4　除尘器压力损失测定记录表

测定次数	每个间隔时间 t/min	静压差测定结果/Pa															除尘器压力损失 Δp/Pa
		1(3 min)			2(6 min)			3(9 min)			4(12 min)			5(15 min)			
		p_1	p_2	Δp	p_1	p_2	Δp	p_1	p_2	Δp	p_1	p_2	Δp	p_1	p_2	Δp	
1	3																
2	3																
3	3																
4	3																
5	3																

表 3-2-5　除尘效率测定结果记录表

测定次数	除尘器进口气体含尘浓度						除尘器出口气体含尘浓度						除尘效率/%
	采样流量/(L/min)	采样时间/min	采样体积/L	滤筒初质量/g	滤筒总质量/g	粉尘浓度/(mg/m^3)	采样流量 L/min	采样时间/min	采样体积/L	滤筒初质量/g	滤筒总质量/g	粉尘浓度/(mg/m^3)	
1													
2													
3													
4													
5													

4. 压力损失、除尘效率和过滤速度的关系

整理5组不同(v_F)下的Δp和η资料，绘制v_F-Δp和v_F-η实验性能曲线，分析过滤速度对袋式除尘器压力损失和除尘效率的影响。对每一组资料，分析在一次清灰周期中，压力损失、除尘效率和过滤速度随时间的变化情况。

六、实验结果讨论

(1) 用发尘量求得的入口含尘浓度和用等速采样法测得的入口含尘浓度，哪个更准确些？为什么？

(2) 测定袋式除尘器压力损失，为什么要固定其清灰制度？为什么要在除尘器稳定运行状态下连续5次读数并取其平均值作为除尘器压力损失？

(3) 试根据实验性能曲线v_F-Δp和v_F-η，分析过滤速度对袋式除尘器压力损失和除尘效率的影响。

(4) 总结在一次清灰周期中，压力损失、除尘效率和过滤速度随过滤时间的变化规律。

七、注意事项

(1) 本实验装置采用手动清灰方式，应尽量保证在相同的清灰条件下进行。

(2) 注意观察在除尘过程中压力损失的变化。

(3) 尽量保持在实验过程中发尘浓度基本不变。

第四章　气态污染物控制实验

第一节　验证性实验

实验一　室内空气中甲醛的测定

（乙酰丙酮分光光度法）

一、实验意义和目的

室内空气污染在当今社会越来越引起人们的注意，其中最典型的污染物质之一便是甲醛，且其主要由室内装修所引起。甲醛是具有强烈刺激性的气体，是一种挥发性有机化合物，对人体健康影响表现在刺激眼睛和呼吸道，造成肺、肝、免疫功能异常，被国际癌症研究机构（IARC）确定为可疑致癌物。

通过对室内空气中甲醛的采样收集和实验室测定，学生可了解和掌握低浓度气体的浓缩采样法——液体吸收法，学会分光光度计的使用。通过本实验，学生亦可了解室内空气污染的现状及一般的解决方法。

二、实验原理

甲醛被水吸收后，在铵盐存在下，与乙酰丙酮作用，生成黄色的3,5-二乙酰基-1,4二氢卢剔啶，根据颜色深浅，用分光光度法于波长413 nm处测定。本法的最低检出限为0.25 μg/(5 mL)，当采样体积为30 mL时，最低检出限为0.008 mg/m^3。

三、实验装置、仪器及设备

（1）大型气泡吸收管10 mL，或多孔筛板吸收管50 mL。

（2）空气采样器，流量0～1 L/min。

(3) 具塞比色管,25 mL。

(4) 分光光度计,附 1 cm 吸收池。

(5) 气压表。

(6) 水银温度计。

(7) 水浴锅。

四、试剂

(1) 吸收液:纯水。

(2) 乙酸铵(CH_3COONH_4)。

(3) 冰乙酸(CH_3COOH):$\rho=1.055$。

(4) 乙酰丙酮($C_5H_8O_2$):$\rho=0.975$。

(5) 乙酰丙酮溶液:0.25%(体积分数)。称取 25 g 乙酸铵,加入少量水溶解,加 3 mL 冰乙酸及 0.25 mL 新蒸馏的乙酰丙酮,混匀再加水至 100 mL。

(6) 盐酸(HCl)溶液:$\rho=1.19$ (1+5,38%)。

(7) 氢氧化钠(NaOH)溶液:30 g/100 mL。

(8) 碘(I_2)。

(9) 碘(I_2)溶液:$c(I_2)=0.1$ mol/L。称取 40 g 碘化钾(10)溶于 10 mL 水中,加入 12.7 g 碘(8),溶解后移入 1 000 mL 容量瓶,用水稀释定容。

(10) 碘化钾(KI)。

(11) 碘化钾(KI)溶液:10 g/100 mL。

(12) 碘酸钾(KIO_3)溶液:$c(1/6\ KIO_3)=0.100\ 0$ mol/L。称取 3.567 g 经 110 ℃干燥 2 h 的碘酸钾(优级纯)溶于水,于 1 000 mL 容量瓶稀释定容。

(13) 淀粉溶液:1 g/100 mL。称取 1 g 淀粉,用少量水调成糊状,倒入 100 mL沸水中,呈透明溶液,临用时配制。

(14) 硫代硫酸钠溶液:$c(Na_2S_2O_3)=0.1$ mol/L。称取 25 g 硫代硫酸钠($Na_2S_2O_3\cdot 5H_2O$)和 2 g 碳酸钠(Na_2CO_3)溶解于 1 000 mL 纯水中,贮于棕色试剂瓶中,放一周后过滤,并标定其浓度。

(15) 硫代硫酸钠溶液标定:吸取 0.100 0 mol/L 碘酸钾标准溶液(12) 25.0 mL置于 250 mL 碘量瓶中,加 40 mL 纯水,加 10 g/100 mL 碘化钾溶液(11)10 mL,再加(1+5)盐酸溶液(6)10 mL,立即盖好瓶塞,混匀,在暗处静置 5 min后,用硫代硫酸钠溶液(14)滴定至淡黄色,加 1 mL 淀粉溶液(13)继续滴定至蓝色刚刚褪去。

硫代硫酸钠溶液浓度 $c_{Na_2S_2O_3}$(mol/L)按式(1)计算。

$$c_{Na_2S_2O_3}=\frac{0.1\times25.0}{V_{Na_2S_2O_3}} \tag{1}$$

式中 $V_{Na_2S_2O_3}$——滴定消耗硫代硫酸钠溶液体积的平均值,mL。

(16) 甲醛(HCHO)溶液:含甲醛 36%～38%。

(17) 甲醛标准储备液:取 10 mL 甲醛溶液(16)置于 500 mL 容量瓶中,用水稀释定容。

(18) 甲醛标准储备液的标定:吸取 5 mL 甲醛标准储备液(17)置于 250 mL 碘量瓶中,加 0.1 mol/L 碘溶液(9)30.0 mL,立即逐滴加入 30 g/100 mL 氢氧化钠溶液(7)至颜色褪到淡黄色为止(大约 0.7 mL)。静置 10 min,加(1+5)盐酸溶液(6)5 mL 酸化,(空白滴定时需多加 2 mL),在暗处静置 10 min,加入 100 mL 纯水,用标定好的硫代硫酸钠溶液(14)滴定至淡黄色,加入新配置的 1 g/100 mL 淀粉指示剂(13)1 mL,继续滴定至蓝色刚刚消失为终点。同时进行空白测定。按式(2)计算甲醛标准储备液浓度。

$$\text{甲醛储备液浓度(mg/mL)}=\frac{(V_1-V_2)\times c_{Na_2S_2O_3}\times15.0}{5.0} \tag{2}$$

式中 V_1——空白消耗硫代硫酸钠溶液体积的平均值,mL;

V_2——标定甲醛消耗硫代硫酸钠溶液体积的平均值,mL;

$c_{Na_2S_2O_3}$——硫代硫酸钠溶液浓度,mol/L;

15.0——甲醛(1/2HCHO)摩尔质量;

5.0——甲醛标准储备液取样体积,mL。

(19) 甲醛标准使用溶液:用水(1)将甲醛标准储备液(17)稀释成 5.00 μg/mL。

五、实验方法和步骤

1. 采样

用一个内装 10 mL 吸收液(2)的气泡吸收管,以 0.5～1 L/min 的流量采气 30～60 min。

2. 样品的保存

采集好的样品于 2～5 ℃贮存,2 d 内分析完毕,以防止甲醛被氧化。

3. 采样体积的校准

(1) 压力测量

用气压表进行气压读数,以 p_m(kPa)表示。

(2) 温度测量

用水银温度计测量空气温度，以 t_m(℃)表示。

(3) 体积校准

采气标准状态体积 V_{nd}(L)按式(3)计算。

$$V_{nd} = V_m \times 2.694 \times \frac{101.325 + p_m}{273 + t_m} \tag{3}$$

式中　V_m——空气采样体积，L；

p_m——空气压力，kPa；

t_m——空气温度，℃；

V_{nd}——空气采样体积(0 ℃，101.325 Pa)，L。

4. 校准曲线的绘制

取 7 支 25 mL 具塞比色管按表 4-1-1 配制标准色列。

表 4-1-1　标准色列表

管号	0	1	2	3	4	5	6
甲醛(5.00 μg/mL)/mL	0	0.2	0.8	2.0	4.0	6.0	7.0
甲醛/μg	0	1.0	4.0	10.0	20.0	30.0	35.0

于上述标准系列中，用水稀释定容至 10.0 mL 刻线，加 0.25%乙酰丙酮溶液(6)2.0 mL，混匀，置于沸水浴加热 3 min，取出冷却至室温，用 1 cm 吸收池，以水为参比，于波长 413 nm 处测定吸光度。将上述系列标准溶液测得的吸光度 A 扣除试剂空白(零浓度)的吸光度 A_0 值，便得到校准吸光度 y 值，以校准吸光度 y 值为纵坐标，以甲醛含量 x(μg)为横坐标，绘制校准曲线，计算其回归方程式。注意“零”浓度不参与计算。

$$y = bx + a \tag{4}$$

式中　a——校准曲线截距；

b——校准曲线斜率。

5. 样品测定

将吸收后的样品溶液移入 50 mL 或 100 mL 容量瓶中，用水稀释定容，取少于 10 mL 试样(吸取量视样品浓度而定)于 25 mL 比色管中，用水定容至 10.0 mL刻线，以下按步骤 4 进行分光光度测定。

6. 空白试验

用现场未采样空白吸收管的吸收液按步骤 4 进行空白测定。

六、实验数据的记录和处理

1. 计算公式

试样中甲醛的吸光度 y 用式(5)计算。

$$y = A_s - A_b \tag{5}$$

式中 A_s——样品测定吸光度；

A_b——空白试验吸光度。

试样中甲醛含量 x(μg)用式(6)计算。

$$x = \frac{y - a}{b} \times \frac{V_1}{V_2} \tag{6}$$

式中 V_1——定容体积，mL；

V_2——测定取样体积，mL。

环境空气中甲醛浓度 c(mg/m^3)，用式(7)计算。

$$c = \frac{x}{V_{nd}} \tag{7}$$

式中 V_{nd}——所采气样标准状态体积(0 ℃，101.325 Pa)，L。

2. 实验数据记录与处理

(1) 绘制标准曲线

将原始数据记录于表 4-1-2 中。

表 4-1-2 标准曲线原始数据表

管号	0	1	2	3	4	5	6
甲醛/mL							
甲醛/μg							
吸光度							

(2) 样品浓度测定

将原始数据记录于表 4-1-3 中。

表 4-1-3　样品浓度测定表

采样地点：________________________；采样时温度：______________________；

采样时压强：______________________；实验人员：________________________。

样品编号	1	2	3
实际采样体积/mL			
标准采样体积/mL			
吸光度			
样品甲醛含量/μg			
空气甲醛含量/μg			

七、实验结果讨论

绘制标准曲线时，样品测定时的温差对结果有什么影响？

实验二　大气中二氧化硫的测定

（四氯汞盐溶液——盐酸副玫瑰苯胺分光光度法）

一、实验目的和要求

（1）了解大气中二氧化硫含量测定的目的和意义；

（2）根据大气采样布点的原则，选择适宜方法进行布点，确定采样时间及采样频率，掌握测定空气中二氧化硫的采样和监测方法；

（3）实验前复习教材绪论第一节中的相关内容，分析讨论影响测定准确度的因素及控制方法。

二、实验原理

大气中的二氧化硫被四氯汞钾溶液吸收后，生成稳定的二氯亚硫酸盐络合物，此络合物再与甲醛及盐酸副玫瑰苯胺发生反应，生成紫红色的络合物，据其颜色深浅，用分光光度法测定。

三、实验仪器

（1）多孔玻板吸收管（用于短时间采样），10 mL；多孔玻板吸收瓶（用于24 h采样），75～125 mL。

（2）空气采样器：流量 0～1 L/min。

（3）分光光度计。

（4）具塞比色管，10 mL；容量瓶，25 mL；移液管若干。

四、实验试剂

（1）0.04 mol/L 四氯汞钾吸收液：称取 10.9 g 氯化汞（$HgCl_2$）、6.0 g 氯化钾和 0.070 g 乙二胺四乙酸二钠盐（EDTA-Na_2），溶解于水，稀释至 1 000 mL，并用氢氧化钠溶液调节 pH 为 5.2 左右。此溶液在密闭容器中贮存，可稳定 6 个月。如发现有沉淀，不能再用。

（2）2.0 g/L 甲醛溶液：量取 36%～38%甲醛溶液 1.1 mL，用水稀释至 200 mL，临用现配。

（3）6.0 g/L 氨基磺酸铵溶液：称取 0.60 g 氨基磺酸铵（$H_2NSO_3NH_4$），溶解于 100 mL 水中，临用现配。

（4）盐酸溶液（$c_{HCl}=1.0$ mol/L）：量取 90 mL 浓盐酸，用水稀释至

1 000 mL。

(5) 0.2%盐酸副玫瑰苯胺(PRA,即对品红)储备液:称取 0.20 g 经提纯的盐酸副玫瑰苯胺,溶解于 100 mL,1.0 mol/L 盐酸溶液中。

(6) 0.015%盐酸副玫瑰苯胺使用液:吸取 0.2%盐酸副玫瑰苯胺储备液 20.00 mL 于 250 mL 容量瓶中,加 3 mol/L 磷酸溶液 200 mL,用水稀释至标线。至少放置 24 h 方可使用。存于暗处,可稳定 9 个月。

(7) 3 mol/L 磷酸溶液:量取 41 mL 85%的浓磷酸,用水稀释至 200 mL。

(8) 0.10 mol/L 碘储备液($1/2I_2$):称取 12.7 g 碘于烧杯中,加入 40 g 碘化钾和 25 mL 水,搅拌至完全溶解,用水稀释至 1 000 mL,储于棕色细口瓶中。

(9) 0.010 mol/L 碘溶液($1/2I_2$):量取 0.10 mol/L 碘储备液 100 mL,用水稀释至 1 000 mL,储于棕色细口瓶中。

(10) 2 g/L 淀粉指示剂:称取 0.20 g 可溶性淀粉,用少量水调成糊状,慢慢倒入 100 mL 沸水中,继续煮沸直至溶液澄清,冷却后贮于试剂瓶中。

(11) 0.100 0 mol/L 碘酸钾标准溶液($1/6KIO_3$):称取得 3.566 8 g 碘酸钾(KIO_3,优级纯,110 ℃烘干 2 h),溶解于水,移入 1 000 mL 容量瓶中,用水稀释至标线。

(12) 0.10 mol/L 硫代硫酸钠储备液($Na_2S_2O_3$):称取 25.0 g 的 $Na_2S_2O_3 \cdot 5H_2O$,溶解于 1 000 mL 新煮沸并已冷却的水中,加 0.20 g 无水碳酸钠,贮于棕色瓶中,放置一周后标定其浓度。若溶液呈现浑浊时,应该过滤。

标定方法:吸取碘酸钾标准溶液 25.00 mL,置于 250 mL 碘量瓶中,加 70 mL 新煮沸并已冷却的水,加 1.0 g 碘化钾,振荡至完全溶解后,再加(1∶9)盐酸溶液 10.0 mL,立即盖好瓶塞,混匀。在暗处放置 5 min 后,用硫代硫酸钠溶液滴定至淡黄色,加淀粉指示剂 5 mL,继续滴定至蓝色刚好消失。按下式计算硫代硫酸钠溶液的浓度:

$$c = 0.100\,0 \times 10.00/V \qquad (1)$$

式中　c——硫代硫酸钠溶液浓度,mol/L;

V——消耗硫代硫酸钠溶液的体积,mL。

(13) 硫代硫酸钠标准溶液:取 50.00 mL 硫代硫酸钠储备液于 500 mL 容量瓶中,用新煮沸并已冷却的水稀释至标线,计算其准确浓度。

(14) 亚硫酸钠标准溶液:称取 0.20 g 亚硫酸钠(Na_2SO_3)及 0.010 g 乙二胺四乙酸二钠,将其溶解于 200 mL 新煮沸并已冷却的水中,轻轻摇匀(避免振荡,以防充氧)。放置 2～3 h 后标定。此溶液每毫升相当于含 320～400 μg 二氧化硫。

标定方法：采用碘量法进行标定。

① 取 4 个 250 mL 碘量瓶（A_1、A_2、B_1、B_2），分别加入 0.010 mol/L 碘溶液 50.00 mL。在 A_1、A_2 瓶内各加 25 mL 水，在 B1 瓶内加入 25.00 mL 亚硫酸钠标准溶液，盖好瓶塞。

② 立即吸取 2.00 mL 亚硫酸钠标准溶液于已加有 40～50 mL 四氯汞钾溶液的 100 mL 容量瓶中，使其生成稳定的二氯亚硫酸盐络合物。

③ 再吸取 25.00 mL 亚硫酸钠标准溶液于 B2 瓶内，盖好瓶塞。然后用四氯汞钾吸收液将 100 mL 容量瓶中的溶液稀释至标线。

④ A_1、A_2、B_1、B_2 4 瓶于暗处放置 5 min 后，用 0.01 mol/L 硫代硫酸钠标准溶液滴定至浅黄色，加 5 mL 淀粉指示剂，继续滴定至蓝色刚好褪去。平行滴定所用硫代硫酸钠溶液体积之差应不大于 0.05 mL。所配 100 mL 容量瓶中的亚硫酸钠标准溶液浓度相当于二氧化硫的浓度，由下式计算：

$$c_{SO_2}(\mu g/L)=[(V_0-V)\times c\times 32.02\times 1\,000/25.00]\times 2.00/100 \quad (2)$$

式中 V_0——滴定 A 瓶时所用硫代硫酸钠标准溶液体积的平均值，mL；

V——滴定 B 瓶时所用硫代硫酸钠标准溶液体积的平均值，mL；

c——硫代硫酸钠标准溶液的准确浓度，mol/L；

32.02——相当于 1 mmol/L 硫代硫酸钠溶液的二氧化硫（$1/2SO_2$）的质量（mg）。

根据以上计算的二氧化硫标准溶液的浓度，再用四氯汞钾吸收液稀释成每毫升含 2.0 μg 二氧化硫的标准溶液，此溶液用于绘制标准曲线，在冰箱中存放，可稳定 20 d。

五、测定步骤

1. 标准曲线的绘制

取 8 支 10 mL 具塞比色管，按表 4-1-4 所列参数配制标准色列。

在以上各管中加入 6.0 g/L 氨基磺酸铵溶液 0.50 mL，摇匀。再加 2.0 g/L甲醛溶液 0.50 mL 及 0.016%盐酸副玫瑰苯胺使用液 1.50 mL，摇匀。当室温为 15～20 ℃时，显色 30 min；室温为 20～25 ℃时，显色 20 min；室温为 25～30 ℃时，显色 15 min。用 1 cm 比色皿，于 575 nm 波长处，以水为参比，测定吸光度。以吸光度对二氧化硫含量（μg）绘制标准曲线，或用最小二乘法计算出回归方程式。

表 4-1-4 色列管配置参数

加入溶液	色列管编号							
	0	1	2	3	4	5	6	7
2.0 μg 二氧化硫的标准溶液/mL	0	0.60	1.00	1.40	1.60	1.80	2.20	2.70
四氯汞钾吸收液/mL	5.00	4.40	4.00	3.60	3.40	3.20	2.80	2.30
二氧化硫含量/μg	0	1.20	2.00	2.80	3.20	3.60	4.40	5.40
吸光度								

2. 采样

(1) 短时间采样：用内装 5 mL 四氯汞钾吸收液的多孔玻璃吸收管以 0.5 L/min 流量采样 10～20 L。

(2) 24 h 采样：测定 24 h 平均浓度时，用内装 50 mL 吸收液的多孔玻璃板吸收瓶以 0.2 L/min 流量，10～16 ℃恒温采样。

3. 样品测定

样品浑浊时，应离心分离除去。采样后样品放置 20 min，以使臭氧分解。

(1) 短时间样品：将吸收管中的吸收液全部移入 10 mL 具塞比色管内，用少量水洗涤吸收管，洗涤液并入具塞比色管中，使总体积为 5 mL。加 6 g/L 氨基磺酸铵溶液 0.50 mL，摇匀，放置 10 min，以除去氮氧化物的干扰。以下步骤同标准曲线的绘制。

(2) 24 h 样品：将采集样品后的吸收液移入 50 mL 容量瓶中，用少量水洗涤吸收瓶，洗涤液并入容量瓶中，使溶液总体积为 50.0 mL，摇匀。吸取适量样品溶液置于 10 mL 具塞比色管中，用吸收液定容为 5.00 mL。以下步骤同短时间样品测定。

六、计算

$$c_{SO_2}(\mu g/L) = W/V_N \tag{3}$$

式中 W——测定时所取样品溶液中二氧化硫含量(由标准曲线查知)，μg；

V_N——换算成标准状况下的采样体积，L。

七、注意事项

(1) 温度对显色影响较大，温度越高，空白值越大。温度高时显色快，褪色也快，最好用恒温水浴控制显色温度。

(2) 对品红试剂必须提纯后方可使用，否则，其中所含杂质会引起试剂空白值增高，使方法灵敏度降低。已有经提纯合格的 0.2%对品红溶液出售。

(3) 六价铬能使紫红色络合物褪色，产生负干扰，故应避免用硫酸-铬酸洗液洗涤所用玻璃器皿，若已用此洗液洗过，则需用(1+1)盐酸溶液浸洗，再用水充分洗涤。

(4) 用过的具塞比色管及比色皿应及时用酸洗涤，否则红色难于洗净。具塞比色管用(1+4)盐酸溶液洗涤，比色皿用(1+4)盐酸加 1/3 体积乙醇混合液洗涤。

(5) 四氯汞钾溶液为剧毒试剂，使用时应小心，如溅到皮肤上，立即用水冲洗。使用过的废液要集中回收处理，以免污染环境。

八、实验结果讨论

(1) 绘制标准曲线的作用是什么？对实验结果有什么影响？

(2) 若采样样品中有 NO_x 被吸收，是否对实验测定产生干扰？如果会，应采用什么方法加以消除？

实验三　室内空气总 VOCs 的快速测定实验

一、实验目的与要求

(1) 了解室内污染现状和产生的危害以及室内 VOCs 种类；

(2) 熟悉室内 VOCs 采样和监测方法；

(3) 掌握 VOCs 快速测定仪的原理和使用方法。

二、实验原理

室内空气中挥发性有机物(volatile organic compounds，VOCs)种类繁多，成分复杂，浓度差异很大，通常采用一个量化指标挥发性有机物浓度来表示室内空气挥发性有机化合物的总污染水平。总 VOCs(TVOCs)是指室内空气中挥发性有机化合物总质量浓度。

室内空气总 VOCs 的快速测定方法可采用 VOCs 快速测定仪在现场直接测定 VOCs，其具有响应快速、实时显示、操作简便、可连续监测等特点。这种方法的样品采、分析测定都在现场进行，分析速度快，测定结果直接读数。VOCs 快速测定仪一般用光离子化检测器(PID)，PID 的关键部件是一个能发出特定波长的紫外光光源，紫外光束射入一个测试腔，当被测有机挥发性气体由泵抽入该测试腔时，受到紫外光的轰击，高能量的紫外辐射可使腔内空气中几乎所有的有机物发生电离，但仍保持空气中的基本成分 N_2、O_2、CO_2、H_2O、CO 及 CH_4 等不被电离，有机物电离后产生带正、负电荷的离子，分裂成带正、负电性的二类基团。在测试腔的出口处，装有一对施加适当工作电压的电极，在正、负电场的作用下，带电基团向相应电极运动而形成正比于 VOCs 浓度的电流，通过测量该电流大小，确定 VOCs 浓度。分裂的基团经过电极后又重新复合，被抽出测试腔。PID 稳定性好，线性范围宽，对浓度差别较大的各组分均可准确定量。PID 结构简单，体积小，质量轻，可形成便携式装置用于现场分析。

图 4-1-1　VOCs 快速测定仪

三、实验仪器与装置

VOCs 快速测定仪(型号 PGM-7340，美国华瑞产品)，1 台，仪器见图 4-1-1。清洁空气，瓶装气

1 瓶;标准气体,瓶装气 1 瓶;调节阀,1 个;校正连接器,1 套。

四、实验方法与步骤

1. 仪器的校正

“清洁空气”和“标准气体”的两点校正方法如下。

(1) 清洁空气校正:仪器零点校正。

① 同时按住 Mode 和 N 键,保持 3 s,仪器进入编程模式,进入“Calibrate/Select Gas?”(是否校正/选择气体)选项,仪器显示“Fresh air Cal?”(是否进行清洁空气校正?)。

② 连接好仪器和纯净空气瓶,按 Y 键开始零点校正,仪器显示“Zero in Progress”(调零过程中)及“Wait”和倒计时。

③ 大约 15 s 后,仪器显示“Zero…reading=x. x ppb”(零点校正结束)。按下任意键仪器返回“Fresh air Cal?”子菜单。

(2) 标准气体校正:曲线第二点校正。

① 同时按住 Mode 和 N 键,保持 3 s,仪器进入编程模式,进入“Calibrate/Select Gas?”(是否校正/选择气体)选项,选择“Span Cal”(是否进行标准气体校正?)。

② 在“Span Cal”下,按 Y 键,仪器显示出气体名称及标准值。

③ 当仪器显示“Apply gas now!”(供气)时,开启标准气体的阀门,仪器显示“Wait 30”,并开始倒计时。当计数为零时,仪器显示校正值。

④ 校正完成后,仪器显示“Span Cal Done! Turn off gas”(校正结束,关闭气瓶),关闭气瓶,断开与仪器的连接。按任意键,仪器返回“Span cal”子菜单。

2. 仪器操作

① 参数设置:同时按住 Mode 和 N 键,保持 3 s,仪器进入编程模式,对仪器参数进行设置。连续按 Mode 键数下,仪器返回“Ready”状态。

② 开机:按住 Mode 键并保持 3 s,鸣音一次,仪器启动,液晶屏显示“ON”,仪器开始自检,自检完成后,显示“Ready”,仪器处于待机状态。

③ 测定:在“Ready”状态下,按 Y 键,内置泵启动,开始采集气体,测定结果直接显示。测定结束后,按下 Mode 键,仪器显示“stop”,再按 Y 键,仪器停止工作,重新回到待机状态。

④ 关机:按住 Mode 键并保持 5 s,仪器鸣音,并倒计时,液晶屏显示“Off”,仪器关闭,显示屏空白。

3. 试验操作

(1) 测试点布置。选择一房间作为室内空间,采用随机布点方法布置测试点,房间面积 30 m^2,测试点 1 个,测试点距墙壁 1 m 以上,高度为呼吸带高度。

(2) 仪器参数设置。对仪器工作参数进行设置:预热时间 2 min;开启自动采集数据功能;数据采集时间间隔 30 s。

(3) 测定。将仪器固定于布置的测试点,开启仪器,记录时间,10 min 后,停止测定,同时记录温度、相对湿度、大气压力值。

(4) 测定结果。读取仪器数据,取 10 min 测定的平均值为测定结果,测定 3～5次。

4. 注意事项

(1) 当仪器从运输箱中取出时,可能有少量残余气体,PID 会有读数,可以在没有有机和有毒气体的环境中开启仪器,气体排空后仪器读数回零。

(2) 仪器电池即使在仪器关闭的情况下也会缓慢放电,一般在 10 d 内未充电,电池电压会很低,需要充电 1 次,在初次使用前建议充电至少 10 h。

五、实验数据记录

将实验测量值填写在表 4-1-5 中。

表 4-1-5　室内空气总 VOCs 测定数据表

室内气压:________MPa　　室温:________℃　　相对湿度:________%

序号	1	2	3	平均值
Ⅰ				
Ⅱ				
Ⅲ				

六、实验结果讨论

(1) 室内 VOCs 种类有哪些?

(2) 室内 VOCs 测定方法还有哪些?

(3) VOCs 快速测定仪的原理是什么?

实验四　大气环境中氮氧化物(NO_x)浓度的测定

(盐酸萘乙二胺分光光度法)

一、实验目的

(1) 掌握小流量大气采样器和分光光度计的工作原理和使用方法;

(2) 掌握盐酸萘乙二胺分光光度法测定大气环境中氮氧化物(NO_x)浓度的方法;

(3) 掌握大气监测工作中监测布点、采样、分析等环节的工作内容及方法。

二、实验原理

大气中的氮氧化物(NO_x)是最常见的污染物,是形成酸雨的主因之一。氮氧化物的种类很多,如亚硝酸、硝酸、一氧化二氮、一氧化氮、二氧化氮、三氧化氮、四氧化二氮、五氧化二氮等。通常所指的氮氧化物即为一氧化氮(NO)和二氧化氮(NO_2)的混合物。其中绝大部分来自化石燃料的燃烧过程,包括汽车及一切内燃机所排放的尾气,也有一部分来自生产和使用硝酸的化工厂、钢铁厂、金属冶炼厂等排放的废气。动物实验证明,氮氧化物对呼吸道和呼吸器官有刺激作用,是导致目前支气管哮喘等呼吸道疾病不断增加的原因之一,二氧化氮与二氧化硫和悬浮颗粒物共存时,其对人体的影响不仅比单独二氧化氮对人体的影响严重得多,而且也大于各自污染物之和,对人体的实际影响是各污染物之间的协同作用。因此大气氮氧化物的监测分析是环境保护部门日常工作的重要项目之一。

测定氮氧化物浓度常用的方法为盐酸萘乙二胺分光光度法,其采样与显色同时进行,操作简便,方法灵敏,目前被国内外普遍采用。

盐酸萘乙二胺分光光度法有两种采样方法:方法一吸收液用量少,适用于短时间采样,测定空气中氮氧化物的短时浓度;方法二吸收液用量大,适用于24 h连续采样,测定空气中氮氧化物的日平均浓度。在测定氮氧化物时,先用三氧化铬(CrO_3)氧化管将一氧化氮氧化成二氧化氮,然后测定二氧化氮的浓度。二氧化氮被吸收在溶液中形成亚硝酸(HNO_2)和硝酸(HNO_3),其中亚硝酸与对氨基苯磺酸起重氮化反应,再与盐酸萘乙二胺偶合,生成玫瑰红色偶氮染料。于波长 540 nm 处测定显色溶液的吸光度,根据吸光度的数值换算出氮氧化物的浓度,测定结果以二氧化氮表示。反应方程式如下:

$$2NO_2 + H_2O \longrightarrow HNO_2 + HNO_3$$

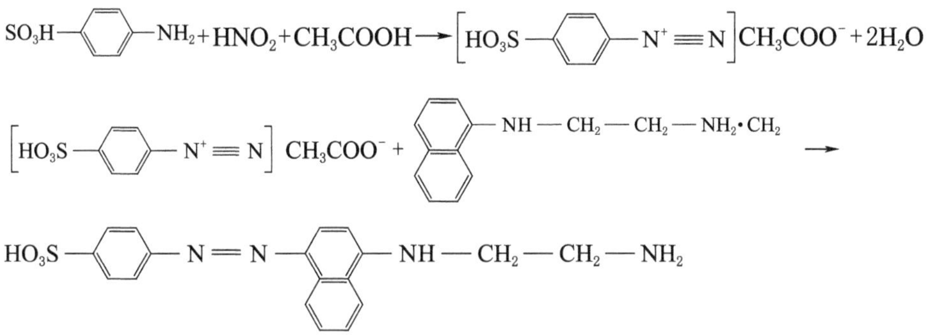

玫瑰红色偶氮染料

当短时间采样，采样体积为 6 L 时，最低检出浓度为 0.01 μg/m³。当为 24 h采样，采样体积为 288 L 时，50 mL 吸收液，最低检出浓度为 0.02 mg/m³。空气中二氧化硫浓度为氮氧化物浓度的 10 倍时，对氮氧化物的测定无干扰；30 倍时，使颜色有稍许减退，在城市环境空气中，很少发生这种情况。臭氧浓度为氮氧化物浓度的 5 倍时，对氮氧化物浓度的测定略有干扰，在采样后 3 h 使溶液呈现微红色，对测定影响较大。过氧乙酰硝酸酯(PAN)对氮氧化物的测定产生正干扰，但一般环境空气中 PAN 浓度较低，不会导致显著误差。

三、实验仪器和试剂

1. 实验用仪器

多孔玻板吸收管(用于短时间采样)10 支，多孔玻板吸收瓶(用于 24 h 采样)10 个，空气采样器(流量范围 0～1 L/min)，双球玻璃氧化管(内装涂有三氧化铬催化剂的石英砂)10 支，分光光度计(7220 型)，具塞比色管 20 支，容量瓶(50 mL)10 个，移液管若干。

2. 实验用试剂

所有试剂均用重蒸馏水配制。检验方法是要求用该蒸馏水配制的吸收液的吸光度不超过 0.005(540～545 nm，10 mm 比色皿，水为参比)。

(1) 吸收原液(显色液)：称取 5.0 g 对氨基苯磺酸，置于 1 000 mL 烧杯中，将 50 mL 冰醋酸与 900 mL 水的混合液分数次加入烧杯中，搅拌使其溶解，并迅速转入 1 000 mL 棕色容量瓶中，待对氨基苯磺酸溶解后，加入 0.050 g 盐酸萘乙二胺，用水稀释至标线，摇匀，贮于棕色瓶中。此为吸收原液(显色液)，在冰箱中可保存两个月。保存时，可用聚四氟乙烯生胶带密封瓶口，以防止空气与吸收液接触。

（2）采样用吸收液：采样时，按 4 份显色液与 1 份水的比例混合成采样用的吸收液。

（3）三氧化铬-石英砂（或用河砂代替）氧化管：将石英砂（或河砂）洗净，晒干，筛取 20～40 目的部分，用（1＋2）的盐酸浸泡一夜后用水洗至中性后烘干。将三氧化铬及石英砂（或河砂）按质量比为 1∶20 混合，加少量水调匀，放在红外灯下或烘箱里于 105 ℃ 烘干，烘干过程中应搅拌数次。做好的三氧化铬-石英砂应是松散的，若粘在一起，说明三氧化铬比例太大，可适当加一些石英砂，重新制备。将三氧化铬-石英砂装入双球玻璃管（氧化管）中，两端用脱脂棉塞好，并用乳胶管或塑料管制的小帽将氧化管的两端盖紧，备用。使用时氧化管和吸收瓶之间用一小段硅橡胶管连接，采集的气体尽可能少和乳胶管接触，以防氮氧化物被吸附。

（4）亚硝酸钠标准储备液：预先将粒状亚硝酸钠（优级纯）在干燥器内放置 24 h，称取 0.150 0 g 溶于水，然后移入 1 000 mL 容量瓶中，用水稀释至标线。此溶液每毫升含 100.0 μg NO_2^-，贮于棕色瓶中，存放在冰箱里，可稳定保存三个月。

（5）亚硝酸钠标准水溶液：临用前，吸取 5.00 mL 亚硝酸钠标准储备液于 100 mL 容量瓶中，用水稀释至标线。此溶液每毫升含 5 μg NO_2^-。

四、实验步骤

1. 采样：短时间采样

将 5 mL 采样用的吸收液注入多孔玻板吸收管中，吸收管的进气口接三氧化铬-石英砂氧化管，并使氧化管的进气端略向下倾斜，以免潮湿空气将氧化剂弄湿污染后面的吸收管。吸收管的出气口与大气采样器相连接，以 0.2～0.3 L/min 的流量避光采样至吸收液呈浅玫瑰红色为止（采气 4～24 L），记下采样时间。密封好采样管，带回实验室，当日测定。如不变色，应加大采样流量或延长采样时间。在采样同时，应检测采样现场的温度和大气压力，并按照表 4-1-6 做好记录。

2. 测定步骤

① 标准曲线的绘制：取 7 支 10 mL 或 25 mL 比色管，按表 4-1-7 数据配制标准色列。

表 4-1-6　气态污染物现场采样记录

采样地点：＿＿＿＿＿＿　污染物名称：＿＿＿＿＿＿＿＿＿＿　采样方法：＿＿＿＿＿＿＿＿＿

采样仪器型号：＿＿＿＿＿＿

采样日期	采样编号	采样时间/min		气温/℃	气压/kPa	流量/(L/min)			采样空气			大气状况
		开始	结束			开始后	结束前	平均	时间/min	体积/L	标准体积/L	

表 4-1-7　配制的标准色列

管号	0	1	2	3	4	5	6
NO_2^- 标准溶液(5 μg/mL)	0	0.10	0.20	0.30	0.40	0.50	0.60
吸收原液/mL	4.00	4.00	4.00	4.00	4.00	4.00	4.00
水/mL	1.00	0.90	0.80	0.70	0.60	0.50	0.40
NO_2^- 含量(μg)	0	0.5	1.00	1.50	2.00	2.50	3.00

加完试剂后，摇匀，避免阳光直射，放置 15 min，于波长 540 nm 处，以水为参比，用 1 cm 比色皿，测定吸光度。扣除空白试剂的吸光度以后，以吸光度对亚硝酸根离子含量(μg)绘制标准曲线。

② 样品的测定：采样后，室温放置 15 min，20 ℃ 以下时放置 15 min 以上。将样品溶液移入比色皿中，与标准曲线绘制时的条件相同测定空白和样品的吸光度。若样品溶液的吸光度超过标准曲线的测定上限，可用吸收液稀释后再测定吸光度，计算结果时应乘以稀释倍数。

3. 实验注意事项

① 吸收液应避光，并避免长时间暴露于空气中，以防止光照使吸收液显色或吸收空气中的氮氧化物而使试剂空白值偏高。

② 氧化管适于在相对湿度为 30%～70%时使用，当空气中相对湿度大于 70%时，应勤换氧化管；小于 30%时，则在使用前用潮湿空气通过氧化管平衡 1 h。在使用过程中，应注意氧化管是否吸湿引起板结或变绿。若板结会使采样系统阻力增大影响流量；若变绿则表示氧化管已失效。各氧化管的阻力差别不大于 1.33 kPa(即 10 mm Hg)。

③ 亚硝酸钠(固体)应妥善保存，可分装成小瓶使用，试剂瓶及小瓶的瓶

口要密封，防止空气及湿气侵入。氧化成硝酸钠或呈粉末状的试剂都不适于用直接法配制标准溶液。若无颗粒状亚硝酸钠试剂，可用高锰酸钾容量法标定出亚硝酸钠储备液的准确浓度后，再稀释成每毫升含 5.0 μg 亚硝酸根的标准溶液。

④ 在 20 ℃ 时，以 5 mL 样品计，其标准曲线的斜率 b 为(0.190 0±0.003)$\times 10^5$吸光度/g，要求截距的绝对值$|a|\leqslant 0.008$。如果斜率达不到要求，应检查亚硝酸钠试剂的质量及标准溶液的配制，重新配制标准溶液；如果截距达不到要求，应检查蒸馏水及试剂质量，重新配制吸收液，性能好的分光光度计的灵敏度高，斜率略高于 0.193。

在 20 ℃ 时，以 25 mL 样品计，其回归方程式的斜率 b 为(0.038±0.002)$\times 10^6$ 吸光度/μg，截距的绝对值$|a|\leqslant 0.008$。当温度低于 20 ℃ 时，标准曲线的斜率会降低。例如，在 10 ℃ 时，以 5 mL 计，其斜率约为 0.175×10^5吸光度/g。

⑤ 吸收液若受三氧化铬污染，溶液呈黄棕色，该样品应报废。

五、实验结果与数据处理

1. 结果计算

$$C_{NO_2}=\frac{k\times[(A-A_0)-a]}{0.76V_N\times b}\times\frac{V_b}{V_a} \tag{1}$$

式中 C_{NO_2}——空气中 NO_2 的浓度，mg/m^3。

A——试样溶液的吸光度；

A_0——空白液的吸光度；

a——标准曲线截距；

b——标准曲线斜率；

V_N——换算为标准状态下的采样体积；

0.76——NO_2 气体转化为 NO_2^- 液体系数；

V_b——样品溶液的总体积；

V_a——测定时所取样品溶液的体积；

k——采样时溶液的体积与绘制标准曲线时溶液体积的比值，短时间采样为 1。

2. 数据记录与结果

将数据记录于表 4-1-8 中。

表 4-1-8　NO_x 浓度测定记录表

气温：________　　气压：________

采样次数	1	2	3
采样流量/(L/min)			
采样时间/min			
采样体积/L			
空白吸光度 A_0			
样品吸光度 A			
NO_x 浓度/(mg/m^3)			

六、实验结果讨论

(1) 氧化管中石英砂的作用是什么？

(2) 为什么氧化管变成绿色就失效了？

(3) 氧化管为什么做成双球形？双球形氧化管有何优点？

实验五　机动车尾气污染物的检测

一、实验目的

(1) 了解机动车尾气的组成及产生的机理；

(2) 熟悉机动车尾气对环境的危害；

(3) 掌握机动车尾气分析仪的测量原理和操作方法。

二、实验原理

1. 概述

随着社会经济的快速发展，人民生活水平不断提高，各类机动车的使用数量在不断增加。机动车在给人们带来交通便利的同时，也对环境空气带来污染。机动车尾气成分非常复杂，有100种以上，其主要污染物包括CO_2、O_2、N_2、CO、HC、NO_x、炭烟等，其中CO、HC、NO_x和炭烟对人类和环境造成很大的危害。CO是因燃烧时供氧不足造成的，在汽油发动机中，主要是由于混合气较浓，在柴油发动机中是由于局部缺氧。HC是燃烧时不完全，及低温缸壁使火焰受冷熄灭，电火花微弱，混合气形成条件不良而造成的。NO_x是燃烧过程中，在高温、高压条件下，原子氧和氮化合的结果。炭烟是燃油在高温缺氧条件下裂解生成的。机动车的尾气排放已经对城市环境空气质量造成严重影响，成为城市大气主要污染源。因此，对机动车尾气排放组成的检测成为一项非常重要的工作。

机动车在怠速工况下[怠速工况，指发动机无负载运转状态，即离合器处于结合位置，变速箱处于空挡位置(对于自动变速箱的车应处于“停车”或“P”挡位)；采用化油器供油系统的车，阻风门处于全开位置；油门踏板处于完全松开位置]，发动机汽缸内通常处于不完全燃烧状况，此时尾气中CO和HC的排放量相对较高，但NO_x排放量则很低。由于怠速工况时，机动车没有行驶负载，无需底盘测功机就可进行尾气排放检测，故虽然怠速时不能全面反映实际运行工况下的机动车排放，但仍是目前各国普遍采用的在用车排放检测方法之一。而怠速排放检测又是汽油车排放检测中常用的简便方法。通过检测可以判定汽车发动机燃烧是否达到正常状态。

2. 检测原理

机动车尾气怠速检测的主要内容是尾气中CO和HC含量，一般采用多气体(四气HC、CO、CO_2、O_2或五气：HC、CO、CO_2、O_2、NO)红外气体分析仪。

（1）红外线气体分析原理

红外线是一种波长比可见光波长长的看不见的光线，根据量子物理理论，波长长的光线能量较低，多原子气体中不同原子之间不对称伸缩振动的能量差（能级）的大小正好在红外线范围，因此，多原子气体都存在红外线吸收光谱，如 CO 在 4.65 μm 左右有吸收峰，HC 在 3.4 μm 左右有吸收峰等。

（2）TH-500 型汽车排气分析仪测量原理

仪器测量原理见图 4-1-2。脉冲光源由微处理器控制发出低频光脉冲，脉冲光束通过气室到达检测器，而检测器又是由装有不同滤光片的检测单元组成的，是由 CO、CO_2、HC 检测单元共同组成的多元型检测器。在工作过程中，这三个检测单元将红外能量转换成电信号，然后电信号经过放大、模数转换等，最后以数字的形式进入微处理器。如果气室中不含有 CO、CO_2 和 HC，这个数字就可以认为是 I_0。当气室中存在 CO、CO_2 和 HC 时，红外线的一部分被气体吸收，检测器上测出信号减少，经过放大、模数转换，到达微处理器的信号同样减少，这个数字可认为是 I。微处理器算出这两个数字的差，再乘以某个系数，就可以在显示屏上显示出 CO、CO_2 和 HC（以正己烷当量表示）的浓度值，而 NO_x 电化学传感器、O_2 传感器都直接以电压信号的形式经过放大、模数转换等，然后以数字信号的形式进入微处理器，处理后在显示屏上显示出 NO_x 和 O_2 的浓度值。

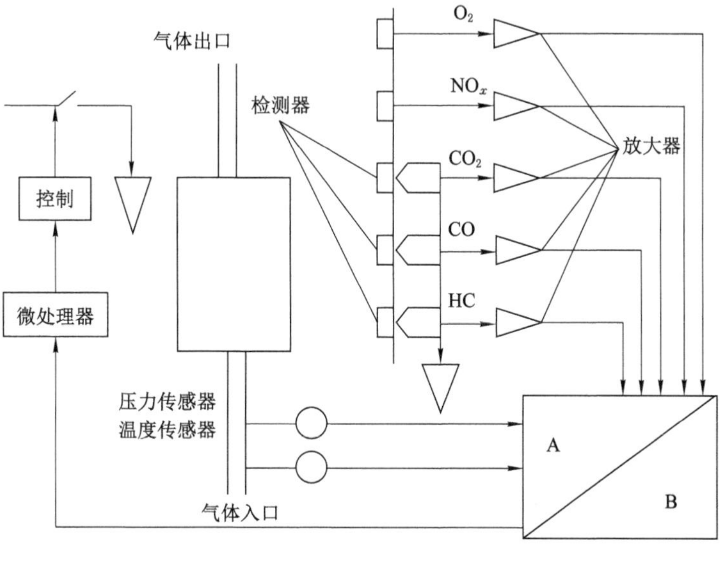

图 4-1-2　测量原理示意图

（3）气路原理

尾气从取样管顶端的探头进入后，经过长达 5 m 的取气管，温度很快下降，过饱和水汽在过滤装置中冷凝，被排放在下部的接水杯中。经过过滤器后的样气经抽气泵进入样品室进行测量。

取样管结构很简单，包括探头、连接软管及手把，过滤器在使用过程中有对样气的过滤和除水两种功能。因此，在使用间隙经常将取样管拆开进行清洗，甩去冷凝水，这样对仪器稳定可靠使用有重要意义。

三、测试仪器及主要技术指标

（1）型号：TH-500 型汽车排气分析仪。

（2）生产厂：武汉市天虹智能仪表厂。

（3）主要技术指标：

① 各种分析气体的测量范围、精度、重复性及分辨率见表 4-1-9。

表 4-1-9　TH-500 型汽车排气分析仪各种气体的测量技术参数

气体	测量范围	精度		重复性	分辨率
		绝对误差	相对误差		
C_6H_6（正己烷）	$0\sim2\,000\times10^{-6}$	$\pm20\times10^{-6}$	±3%	±2%	1×10^{-6}
	$(2\,001\sim13\,000)\times10^{-6}$		±5%	±3%	
CO	0～10.00%	±0.08%	±2%	±2%	0.01%
	10.01%～15.00%		±3%	±2%	
CO_2	0～16.00%	±0.3%	±3%	±2%	0.01%
	16.01%～20.00%		±5%	±3%	
NO_x	$(0\sim2\,000)\times10^{-6}$	$\pm15\times10^{-6}$	±4%	±3%	1×10^{-6}
	$(2\,001\sim5\,000)\times10^{-6}$		±5%	±4%	
O_2	0～25%	偏差 ±0.2%	偏差 ±0.4%	偏差 ±0.2%	0.01%

② 响应时间：$T_{90}<10$ s。

③ 工作电源：AC220 V±10% V，50 Hz 或 DC12 V±5% V。

④ 工作环境：温度：0～40 ℃，相对湿度：<95%。

TH-500 型汽车排气分析仪是利用红外线和电化学传感器进行气体测量的气体分析仪，可以连续测量一氧化碳（CO）、二氧化碳（CO_2）、碳氢化合物（HC）、氧气(O_2)、氮氧化物(NO_x)等的浓度。该仪器所测数据的标准符合我国汽车排放气体测试仪测定规程要求。

(4) 按键功能说明。

TH-500 型汽车排气分析仪按键功能说明见表 4-1-10。

表 4-1-10　TH-500 型汽车排气分析仪按键功能说明

键名称	含义	功能说明
[左移]	移位	在数字修改时使修改位向左移动； 在菜单功能选择时，按此键可左移菜单；
	暂停	在测量过程中，按此键可暂停(锁定)测试
[右移]	移位	在数字修改时使修改位向右移动； 在菜单功能选择时，按此键可右移菜单；
	中断	在 30 s 的采样过程中，按此键可中途退出，数据仍然有效
[递减]	递减	在数字修改时使修改数字递减
[递增]	递增	在数字修改时使修改数字递增
[打印]	打印	在＜数据管理＞项目里，按此键可打印被选编号的所有参数；
	测量	在预测过程中，按此键可进入 1～30 s 的测量
[背光]	切换	按此键可选择显示屏背光的开与关
[确认]	认可	按此键可对每一步的操作进行认可

(5) 操作方法。

打开机箱，取出主机电源线，将电源线一端插在主机 AC220 V 电源插座上，另一端接上 AC220 V 电网电压，或将直流 12 V 通过专用导线直接接入主机。将面板右上角的拨码开关拨到“本机”处，然后将主机电源开关打开，启动显示初始页面，底行显示“开机预热、初始化、请稍等……”约 25 s 后底行出现“中国武汉天虹智能仪表厂宇虹公司”，等待测试者按任意键，进入主菜单画面，底行有操作提示，有＜测试分析＞、＜数据管理＞和＜系统维护＞三项可供选择，回车确认后进入相应功能模块。

① 测试分析

开机后首次确认＜测试分析＞功能模块时，仪器会自动进入画面 1，然后再从画面 1 到画面 2、画面 3。

进入画面 3 后，请用[递增]或[递减]键来选择发动机类型(只限于测转速的机型用)，选定后按[确认]键，出现画面 4。

测试者可根据自己的测量需要，用[递增]或[递减]键选择②——单速手动或③——双速自动。如选择②——单速手动后，按[确认]键，泵开，仪器处在连续测量状态(此种方法用于测试者需快速测量而不需打印，测量数据由人工记录)，在此状态下，按一次打印键，可测 5～30 s 内的平均、最大、最小值，在测量过程中可按[左移]键来锁定测量数据，再按一次[左移]键则继续测量。同时在测量 5～30 s 的时间内，按[右移]键可中途退出测量，数据仍然有效，仪器自动进入保存状态，如果测试者不需保存，请按[右移]键确认放弃，若不按[右移]键 30 s 结束后自动进入保存状态，若保存按[确认]键，仪器自动进入画面 5，如图 4-1-3 所示。

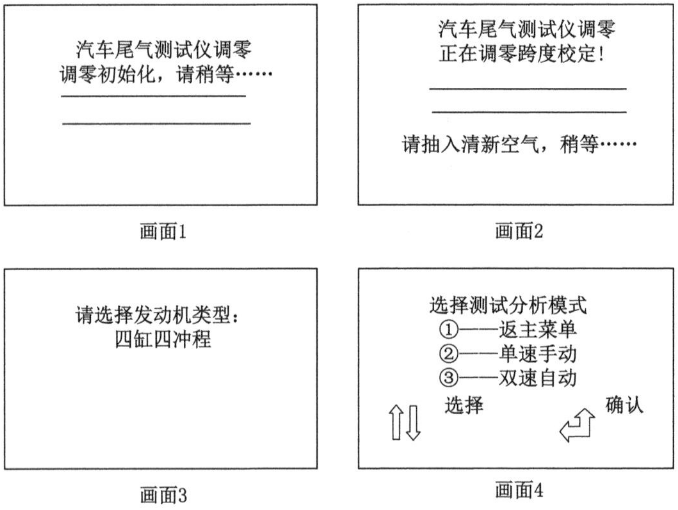

图 4-1-3　操作界面

结合[递增]、[递减]、[左移]、[右移]、[确认]五键可对文件编号、省称、地区、车号等进行修改，修改完毕按[确认]键，再按[左移]键[确认]，若不打印，直接按[确认]键进入下一次测量状态。若在连续测量状态下，按[确认]键，可返回画面 4。

选择③——双速自动，确认后仪器进入画面 5，文件编号、省称、地区、车号的修改同前，修改完毕[确认]后，仪器自动进入画面 6(图 4-1-4)。

高、低速的测量范围可手动修改，全部修改完毕后，按[确认]键，进入放弃或测试状态，若测试，按一次[左移]键后[确认]，当仪器的测量转速在设定范围内时，仪器自动测量的数据有效，否则，视其为无效数据。当有效数据测量的时间达

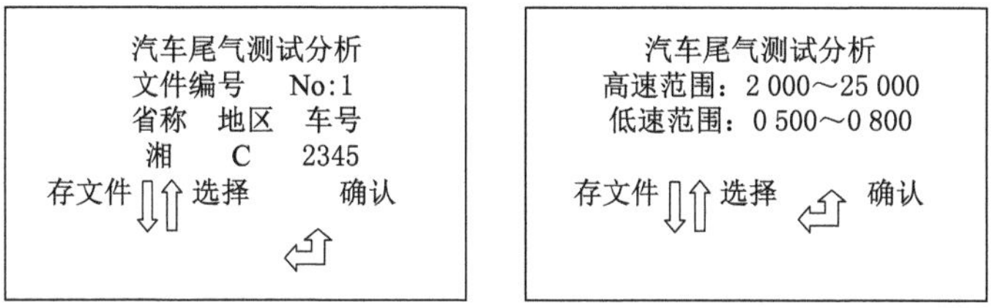

画面5　　　　画面6

图 4-1-4　操作界面

到 30 s 后，仪器自动打印高速范围的测量数据，同时进入低速范围的自动测试，处理数据的方法同高速范围一样，测试完毕，自动打印低速范围的测量数据。

② 数据管理

＜数据管理＞可查阅以往测试存储的数据，首先要求用户输入文件编号，范围 00～80，确认后直接显示内部存储该文件号的详细测试数据，用户可按[打印]键打印或使用[递增]或[递减]键翻阅前后文件号的数据，按[确认]键即可返回主菜单。

③ 系统维护

【注意】 系统维护是仪器出厂时厂方和专职人员对仪器进行的一系列初始化操作和标定，同学们不能随意操作。

＜系统维护＞子菜单中，除了＜返主菜单＞以外，还有＜设置时钟＞、＜温速修正＞、＜调零标定＞和＜格式化＞等四项选择。

• ＜设置时钟＞：仪器内部时钟芯片自动走时，用户可根据需要用[左移]、[右移]、[递增]、[递减]、[确认]五键校正日期、时钟，出厂时一次校正将长久使用，一般不需经常进行时钟设置。

• ＜温速修正＞：当进入该系统时，可根据实际情况用[递增]、[递减]、[左移]、[右移]、[确认]五键校正“油温”和转速即可返回。

• ＜调零标定＞：进入该系统需用标准气才能对仪器进行标定，因此，同学们不能进行此步骤操作。

• ＜格式化＞：新出品的仪器要经过最初的格式化操作方可使用，对于用户来说，格式化操作要特别谨慎小心，该操作将使各项修正系数恢复为出厂的初始设置，使所有存储的数据丢失。

【注意事项】

A：在仪器工作状态下，转速传感器接口不能带电插拔，以免发生死机或其他意外情况。

B:当使用直流 12 V 电源时,须先将主机接口插头插上主机,然后再将另一端接上直流 12 V,否则容易发生短路现象,烧坏其有关设备。

四、实验记录

将实验数据记录于表 4-1-11 中。

表 4-1-11　数据记录表

车属单位:__________车牌号:__________车型:__________发动机类型:__________

测定日期:__________测试工况:__________测试地点:__________测试人员:__________

文件编号	采样时间 ΔT/min	CO/%	CO_2/%	C_6H_6/$\times10^{-6}$	NO_x/$\times10^{-6}$	O_2/%

五、我国控制机动车排气污染物的部分排放标准

(1) GB 18352.5—2013《轻型汽车污染物排放限值及测量方法(中国第五阶段)》,2018-01-01 实施;

(2) GB 18352.6—2016《轻型汽车污染物排放限值及测量方法(中国第六阶段)》代替 GB 18352.5—2013,2020-07-01 实施;

(3) GB 3847—2018《柴油车污染物排放限值及测量方法(自由加速法及加载减速法)》,2019-05-01 实施;

(4) GB 18176－2016《轻便摩托车污染物排放限值及测量方法(中国第四阶段)》,2018-07-01 实施;

(5) GB 14622－2016《摩托车污染物排放限值及测量方法(中国第四阶段)》,2018-07-01 实施;

(6) GB 19755—2016《轻型混合动力电动汽车污染物排放控制要求及测量方法》,2016-09-01 实施。

六、实验结果讨论

(1) 机动车尾气中对环境危害最大的是哪一种?其原因是什么?

(2) 实验中哪些操作或步骤易带来测量误差?实验中如何减少误差?

实验六　空气中氨浓度的测定

一、实验意义和目的

氨是具有强烈刺激性的气体，能灼伤皮肤、眼睛、呼吸器官的黏膜。人吸入过多氨，能引起肺肿胀，以致死亡。空气中的氨测定是公共场所空气和室内空气质量的卫生监测项目。室内空气中的氨主要来源于建筑材料中混凝土的外加剂及室内装饰材料中的添加剂和增白剂。空气中的氨浓度测定常用纳氏试剂比色法。该方法适用于环境空气中氨的测定，也适用于制药、化工、炼焦等工业行业废气中氨的测定。

二、实验原理

用稀硫酸溶液吸收空气中的氨，生成的铵离子与纳氏试剂反应生成黄棕色络合物。该络合物的吸光度与氨的含量成正比，在 420 nm 波长处测量吸光度，根据吸光度计算空气中氨的含量。

该方法检出限为 0.6 μg/10 mL 吸收液。当吸收液体积为 10 mL，采气20 L 时，氨的检出限为 0.03 mg/m^3。

三、实验装置与仪器

(1) 大型气泡吸收管 10 mL。

(2) 空气采样器，流量 0～1 L/min。

(3) 具塞比色管，25 mL。

(4) 分光光度计，附 1 cm 吸收池。

(5) 容量瓶。

四、试剂

(1) 无氨水。

(2) 吸收液：0.01 mol/L 硫酸(H_2SO_4)溶液。

(3) 纳氏试剂：

称取 12 g 氢氧化钠(NaOH)溶于 60 mL 水中，冷却；

称取 1.7 g 二氯化汞($HgCl_2$)溶解在 30 mL 水中；

称取 3.5 g 碘化钾(KI)于 10 mL 水中，在搅拌下将上述二氯化汞溶液慢慢加入碘化钾溶液中，直至形成的红色沉淀不再溶解为止；

在搅拌下，将冷却至室温的氢氧化钠溶液缓慢地加入上述二氯化汞和碘化钾的混合液中，再加入剩余的二氯化汞溶液，混匀后于暗处静置 24 h，倾出上清液，储于棕色瓶中，用橡皮塞塞紧，2～5 ℃ 可保存 1 个月。

(4) 酒石酸钾钠溶液，ρ=500 g/L。

称取 50 g 酒石酸钾钠($KNaC_4H_4O_6 \cdot 4H_2O$)溶于 100 mL 水中，加热煮沸以驱除氨，冷却后定容至 100 mL。

(5) 氨标准储备液。

称取 0.785 5 g 氯化铵(NH_4Cl，在 100～105 ℃ 干燥 2 h)溶解于水，移入 250 mL 容量瓶中，用水稀释到标线，此溶液每毫升相当于含 1 000 μg 氨。

(6) 氨标准使用溶液。

吸取 5.00 mL 氨标准储备液于 250 mL 容量瓶中，稀释至刻度，此溶液每毫升相当于含 20.0 μg 氨。临用前配制。

五、采样与测定

1. 样品采集

采样系统由采样管、吸收液和气体采样泵组成。环境空气采样：用 10 mL 吸收管，以 0.5～1 L/min 的流量采集，采气至少 45 min。工业废气采样：用 50 mL 吸收管，以 0.5～1 L/min 的流量采集，采气时间视具体情况而定。若工业废气(如烟道气)的温度明显高于环境温度时，应对采样管线加热，防止烟气在采样管线中结露。采样后应尽快分析，以防止吸收空气中的氨。若不能立即分析，可在冰箱保存 7 d。

2. 测定

(1) 绘制标准曲线

取 7 支 10 mL 具塞比色管，按表 4-1-12 制备标准系列。

表 4-1-12 标准系列

管号	0	1	2	3	4	5
标准溶液/mL	0.00	0.10	0.20	0.50	0.70	1.00
水/mL	10.00	9.90	9.70	9.50	9.00	8.50
氨含量/μg	0	2	6	10	20	30

按表 4-1-11 准备移取相应体积的标准使用液和水，在各管中分别加入 0.20 mL 酒石酸钾钠溶液，摇匀，再加入 0.20 mL 纳氏试剂，摇匀。放置 10 min 后，在波长 420 nm 下，用 1 cm 吸收池，以水为参比，测定吸光度。以氨含量(μg)对

吸光度绘制标准曲线。

(2) 样品的测定

采样后将样品溶液移至 10 mL 比色管中，用吸收液稀释至 10 mL 标线，加入 0.20 mL 酒石酸钠钾溶液，再加入 0.20 mL 纳氏试剂摇匀，放置 10 min 后，在波长 420 nm 处，测定吸光度。

六、结果计算

氨的含量由下式计算：

$$\rho(NH_3) = m/V_{nd} \tag{1}$$

式中　$\rho(NH_3)$——氨含量，mg/m^3；

V_{nd}——标态下的采样体积，L；

m——样品溶液中的氨含量，μg。

七、注意事项

(1) 本法测定的是空气中氨气和颗粒物中氨盐的总量，不能分别测定两者的浓度。

(2) 样品中含有三价铁等金属离子、硫化物和有机物时会干扰测定，分析时加入酒石酸钾钠溶液络合掩蔽，可消除三价铁等金属离子的干扰。样品溶液中加入稀盐酸可去除硫化物的干扰。某些有机物质(如甲醛)生成沉淀干扰测定，可在比色前用 0.1 mol/L 的盐酸溶液将吸收液酸化到 pH 值不大于 2 后煮沸除之。

八、实验结果讨论

(1) 纳氏试剂比色法测定空气中氨关键步骤是什么？

(2) 配制无氨水时，加入少量的高锰酸钾作用是什么？

实验七　环境空气中臭氧的测定

（靛蓝二磺酸钠分光光度法）

一、实验目的

（1）掌握靛蓝二磺酸钠分光光度法测定环境空气中臭氧含量的原理和方法；

（2）熟练掌握滴定操作；

（3）熟练掌握采样仪器和分光光度计的操作。

二、实验前准备

1. 试剂

（1）溴酸钾标准储备液[$c(1/6\ KBrO_3)$＝0.100 0 mol/L]：准确称取1.391 8 g溴化钾（优级纯，180 ℃ 烘 2 h），置于烧杯中，加入少量水溶解，移入500 mL 容量瓶中，用水稀释至标线；

（2）溴酸钾-溴化钾标准溶液[$c(1/6\ KBrO_5)$＝0.010 0 mol/L]：吸取 10.00 mL 溴酸钾标准储备液于 100 mL 容量瓶中，加入 1.0 g 溴化钾（KBr），用水稀释至标线；

（3）硫代硫酸钠标准储备液[$c(Na_2S_2O_3)$＝0.100 0 mol/L]；

（4）硫代硫酸钠标准工作溶液[$c(Na_2S_2O_3)$＝0.005 00 mol/L]：临用前，取硫代硫酸钠标准储备液用新煮沸并冷却到室温的水准确稀释 20 倍；

（5）硫酸溶液，1＋6；

（6）淀粉指示剂溶液[ρ＝2.0 g/L]：称取 0.20 g 可溶性淀粉，用少量水调成糊状，慢慢倒入 100 mL 沸水，煮沸至溶液澄清；

（7）磷酸盐缓冲溶液[$c(KH_2PO_4\text{-}Na_2HPO_4)$＝0.050 mol/L]：称 6.8 g 磷酸二氢钾（KH_2PO_4）、7.1 g 无水磷酸氢二钠（Na_2HPO_4），溶于水，稀释至1 000 mL；

（8）靛蓝二磺酸钠（$C_{16}H_8O_8Na_2S_2$）（简称 IDS），分析纯、化学纯或生化试剂；

（9）IDS 标准储备液：称取 0.25 g 靛蓝二磺酸钠溶于水，移入 500 mL 棕色容量瓶内，用水稀释至标线，摇匀，在室温暗处存放 24 h 后标定。此溶液在 20 ℃以下暗处存放可稳定 2 周。

(10) IDS标准工作溶液：将标定后的IDS标准储备液用磷酸盐缓冲溶液逐级稀释成每毫升相当于1.00 μg臭氧的IDS标准工作溶液，此溶液于20 ℃以下暗处存放可稳定1周。

(11) IDS吸收液：取适量IDS标准储备液，根据空气中臭氧质量浓度的高低，用磷酸盐缓冲溶液稀释成每毫升相当于2.5 μg(或5.0 μg)臭氧的IDS吸收液，此溶液于20 ℃以下暗处可保存1个月。

2. 实验仪器和设备

(1) 空气采样器：流量范围0～1.0 L/min，流量稳定。使用时，用皂膜流量计校准采样系统在采样前和采样后的流量，相对误差应小于±5%；

(2) 多孔玻板吸收管：内装10 mL吸收液，以0.50 L/min流量采气，玻板阻力应为4～5 kPa，气泡分散均匀；

(3) 具塞比色管：10 mL；

(4) 生化培养箱或恒温水浴：温控精度为±1 ℃；

(5) 水银温度计：精度为±0.5 ℃；

(6) 分光光度计：可于波长610 nm处测量吸光度；

(7) 一般实验室常用玻璃仪器。

三、标定方法

准确吸取20.00 mL IDS标准储备液于250 mL碘量瓶中，加入20.00 mL溴酸钾-溴化钾溶液再加入50 mL水，盖好瓶塞，在16 ℃±1 ℃生化培养箱(或水浴，中放置至溶液温度与水浴温度平衡时[注1]，加入5.0 mL硫酸溶液，立即盖塞、混匀并开始计时，于16 ℃±1 ℃暗处放置35 min±1.0 min后，加入1.0 g碘化钾，立即盖塞，轻轻摇匀至溶解，暗处放置5 min，用硫代硫酸钠溶液滴定至棕色刚好褪去呈淡黄色，加入5 mL淀粉指示剂溶液，继续滴定至蓝色消退，终点为亮黄色。记录所消耗的硫代硫酸钠标准工作溶液的体积[注2]。

注1：达到平衡的时间与温差有关，可以预先用相同体积的水代替溶液，加入碘量瓶中，放入温度计观察达到平衡(HJ 504—2009)所需要的时间。

注2：平行滴定所消耗的硫代硫酸钠标准溶液体积不应大于0.10 mL。每毫升靛蓝二磺酸钠溶液按相当于臭氧的质量浓度ρ(μg/mL)计算：

$$\rho=(C_1V_1-C_2V_2)/V\times 12.00\times 1\ 000$$

式中 ρ——每毫升靛蓝二磺酸钠溶液相当于臭氧的质量浓度，μg/mL；

C_1——溴酸钾-溴化钾标准溶液的浓度，mol/L；

V_1——加入溴酸钾-溴化钾标准溶液的体积，mL；

C_2——滴定时所用硫代硫酸钠标准溶液的浓度，mol/L；

V_2——滴定时所用硫代硫酸钠标准溶液的体积，mL；

V——IDS 标准储备液的体积，mL；

12.00——臭氧的摩尔质量(1/4 O_3)，g/mol。

四、标准曲线

取 10 mL 具塞比色管 6 支，按表 4-1-13 制备 IDS 标准溶液系列。

表 4-1-13　IDS 标准溶液系列

管号	1	2	3	4	5	6
IDS 标准溶液/mL	10.00	8.00	6.00	4.00	2.00	0
磷酸盐缓冲溶液/mL	0	2.00	4.00	6.00	8.00	10.00
臭氧质量浓度/(μg/mL)	0	0.20	0.40	0.60	0.80	1.00

各管摇匀，用 20 mm 比色皿，以水作参比，在波长 610 nm 下测量吸光度。以校准系列中零浓度管的吸光度(A_0)与各标准色列管的吸光度(A)之差为纵坐标，臭氧质量浓度为横坐标，用最小二乘法计算校准曲线的回归方程：

$$y = bx + a \tag{1}$$

式中　y——$A_0 - A$，空白样品的吸光度与各标准色列管的吸光度之差；

x——臭氧质量浓度，μg/mL；

b——回归方程的斜率，吸光度 · mL/μg；

a——回归方程的截距。

五、样品的采集测定

1. 样品的采集与保存

用内装 10.00 mL±0.02 mL IDS 吸收液的多孔玻板吸收管，罩上黑色避光套，以 0.5 L/min 流量采气 5～30 L。当吸收液褪色约 60%时(与现场空白样品比较)，应立即停止采样。样品在运输及存放过程中应严格避光。当确信空气中臭氧的质量浓度较低，不会穿透时，可以用棕色玻板吸收管采样。样品于室温暗处存放至少可稳定 3 d。

2. 现场空白样品

用同一批配制的 IDS 吸收液，装入多孔玻板吸收管中，带到采样现场。除了不采集空气样品外，其他环境条件保持与采集空气的采样管相同。每批样品至少带两个现场空白样品。

3. 样品测定

采样后，在吸收管的入气口端串接一个玻璃尖嘴，在吸收管的出气口端用吸耳球加压将吸收管中的样品溶液移入 25 mL（或 50 mL）容量瓶中，用水多次洗涤吸收管，使总体积为 25.0 mL（或 50.0 mL）。用 20 mm 比色皿，以水作参比，在波长 610 nm 下测量吸光度。

六、计算

空气中臭氧的质量浓度按下式计算：

$$c(O_3)=(A_0-A-a)V/(b\times V_0) \qquad (2)$$

式中　$c(O_3)$——空气中臭氧的质量浓度，mg/m^3；

A_0——现场空白样品吸光度的平均值；

A——样品的吸光度；

b——标准曲线的斜率；

a——标准曲线的截距；

V——样品溶液的总体积，mL；

V_0——换算为标准状态（101.325 kPa、273 K）的采样体积，L。

所得结果精确至小数点后三位。

七、注意事项

1. 干扰

空气中的二氧化氮可使臭氧的测定结果偏高，约为二氧化氮质量浓度的 6%。空气中二氧化硫、硫化氢、过氧乙酰硝酸酯（PAN）和氟化氢的质量浓度分别高于 750 $\mu g/m^3$、110 $\mu g/m^3$、1 800 $\mu g/m^3$ 和 2.5 $\mu g/m^3$ 时，会干扰臭氧的测定。空气中氯气、二氧化氯的存在使臭氧的测定结果偏高。

2. IDS 标准溶液标定

市售 IDS 不纯，作为标准溶液使用时必须进行标定。用溴酸钾-溴化钾标准溶液标定 IDS 的反应，需要在酸性条件下进行，加入硫酸溶液后反应开始，加入碘化钾后反应即终止。为了避免副反应使反应定量进行，必须严格控制培养箱（或水浴）温度（16 ℃±1 ℃）和反应时间（35 min±1.0 min）。一定要等到溶液温度与培养箱（或水浴）温度达到平衡时再加入硫酸溶液，加入硫酸溶液后应立即盖塞，并开始计时。滴定过程中应避免阳光照射。

3. IDS 吸收液的体积

本方法为褪色反应，吸收液的体积直接影响测量的准确度，所以装入采样管中吸收液的体积必须准确，最好用移液管加入。采样后向容量瓶中转移吸收液应尽量完全(少量多次冲洗)。

八、实验结果讨论

吸收液为什么要避光保存或使用，且不能长时间暴露在空气中?

第二节 综合性实验

实验一 吸收与吸附联合法净化实验

一、实验目的

(1) 了解吸收法和吸附法各自的特点；

(2) 了解吸收和吸附联合法的意义和用途；

(3) 了解吸收和吸附联合法的流程与操作。

二、实验原理

在大气污染(废气)治理过程中，吸收净化法是一种常用的重要方法，其利用废气中的污染物组分在选定的吸收剂中具有较高的溶解度，废气中的气态污染物转移到液相(吸收剂)，或其中一种或多种组分与吸收剂中活性组分发生化学反应，达到将污染物从废气中分离、净化的目的。工业废气 SO_2、H_2S、HF、卤代烃以及含恶臭物等可用吸收净化法治理。

吸附是一种固体表面传质过程，其利用多孔性固体吸附剂处理气态污染物，使其中的一种或几种组分在分子引力或化学键力的作用下，在固体吸附剂表面被吸附，从而达到分离的目的。对固体吸附剂有一定的要求，其中应用最为广泛的是活性炭。

与实际工业生产的吸收过程相比较，废气净化的一个显著特点是气态污染物含量低、废气气量大、净化要求高，这就要求净化过程具有较高的净化效率与速率，单纯的吸收法有时难以满足要求，吸收工艺比较复杂，吸收效率有时不高，达不到净化效率，吸收液需要再次处理。吸附法通常吸附效率较高，针对低含量污染物有其优势，吸收过程是一粗脱过程，吸附过程是一精脱过程。因此，吸收与吸附的联合方案常常成为一种优化方案，该方案可以避免吸收和吸附各自的缺点，突出自身的优点。

本实验采用碱液吸收废气中 H_2S，再采用活性炭吸附剩余的 H_2S，达到彻底清除 H_2S 的目的。

三、实验试剂、仪器设备和装置

1. 试剂

NaOH，分析纯；H_2S，99.9%。

2. 仪器

空压机，1台；钢瓶，1瓶；填料塔，1台；泵，1台；缓冲罐，2个；高位槽，1个；溶液储槽，1个；转子流量计，3个；U形管压力计，1个；压力表，1只；温度计，2支；液泵，1台；固定床吸附器，1台；温控仪，1台；定硫分析仪，1台。

3. 实验装置与流程

实验装置由三部分组成：① 混合气产生部分；② 吸收部分；③ 吸附部分。含 H_2S 混合气产生后，先进入吸收塔，大部分 H_2S 被碱液吸收而脱除，混合气中剩余 H_2S 再由固定床活性炭吸附剂吸附而清除。实验装置见图 4-2-1。

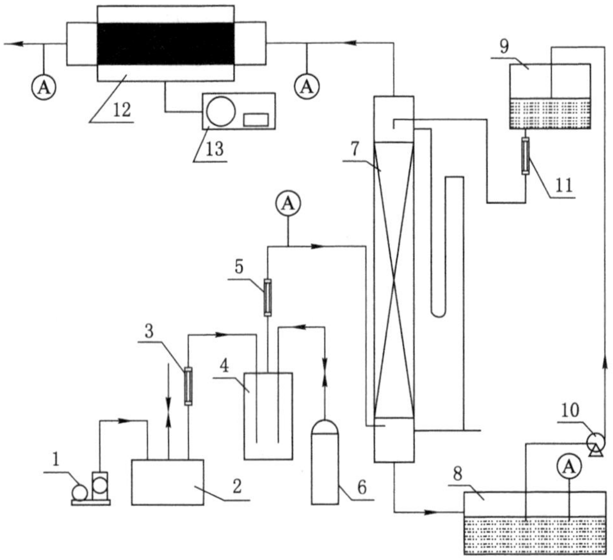

1—空压机；2—缓冲罐；3，5，11—流量计；4—混合气缓冲罐；6—H_2S 气瓶；
7—吸收塔；8—溶液储罐；9—高位槽；10—液泵；
12—吸附器；13—温控仪；A—取样阀。

图 4-2-1　烟气 H_2S 净化实验装置

四、实验方法与步骤

(1) 在溶液储槽中配制 25%NaOH 水溶液（质量分数）。

(2) 在高位液槽中注入配制好的 NaOH 吸收液。

(3) 准确称取 30 g 活性炭，将其装入吸附器，开启温控仪，控制温度在 30 ℃，并恒温。

(4) 打开吸收塔的进液阀，调节液体流量，当液体由塔底流出后，将液体流量调至 300 mL/min，开启液泵，建立正常液位，形成吸收液循环。

(5) 开启空压机，逐渐关小放空阀，并逐渐打开吸收塔的进气阀。调节空气流量，使塔内出现液泛。仔细观察并记录液泛时的气速。

(6) 逐渐减小气体流量，消除液泛现象。在吸收塔能正常工作时，开启 H_2S 气瓶，并调节其流量，使混合气中 H_2S 的含量为 0.05%～0.1%（体积分数，定硫分析仪分析确定），经 5 min 后，塔内操作达到稳定，此时气体稳定通过固定床吸附器，记录气体流量。

(7) 在塔顶出气口和吸附器出口取样，分析气相 H_2S 含量，每隔 15 min 取样一次，取平行样 2 份。

(8) 装置运行 1 h 后，保持液体流量不变和混合气体中 H_2S 含量相同，改变空气流量（气量总小于泛速），待装置稳定后取样分析，运行 1 h。

(9) 实验完毕后，关掉 H_2S 气瓶，待 10 min 后再停止供液，最后停止鼓入空气。

(10) 进行相关计算，完成数据记录。

五、实验数据的记录和处理

由样品分析数据进行实验数据的相关处理。

1. 吸收塔净化效率（η_1）

$$\eta_1 = \left(1 - \frac{c_2}{c_1}\right) \times 100\% \tag{1}$$

式中，c_1 为吸收塔入口处 H_2S 的浓度，mg/m^3；c_2 为吸收塔出口处 H_2S 的浓度，mg/m^3。

2. 吸附器净化效率（η_2）

$$\eta_2 = \left(1 - \frac{c_3}{c_2}\right) \times 100\% \tag{2}$$

式中，c_3 为吸附器出口处 H_2S 的浓度，mg/m^3。

3. 总净化效率（η）

$$\eta = \left(1 - \frac{c_3}{c_1}\right) \times 100\% \tag{3}$$

测定结果填入表 4-2-1 中。

表 4-2-1　实验操作系统测定结果记录表

大气压力：________kPa　　室温：________℃　　液泛速度：________m/s

No.	液体流量/(mL/min)	气体流量/(L/h)	液气比	H_2S 含量/(mg/m³)				η_1	η_2	η
				混合气	吸收塔入口	吸收塔出口	吸附器出口			
1										
2										
3										
4										
5										
6										

六、实验结果讨论

(1) 吸收法和吸附法的优缺点各是什么?

(2) 比较吸收塔和吸附器脱除效率,说明两种方法的特点。

(3) 通过实验,你有什么体会? 对实验有何改进意见?

(4) 针对有机气体污染物,自行设计一套联合法实验装置。

实验二　湿法烟气脱硫(氧化镁法)

一、实验目的

(1) 了解燃煤烟气的特性和污染物 SO_2 的危害;

(2) 熟悉污染物 SO_2 净化方法;

(3) 熟悉喷淋吸收塔的特性和结构;

(4) 掌握氧化镁湿法脱硫工艺及原理。

二、实验原理

我国城市空气 SO_2 污染严重,以煤炭为主的能源消耗结构是引起我国 SO_2 污染日趋严重的最重要原因。燃煤电站是煤炭消耗的主体,其排放的 SO_2 占排放总量的 50%以上。这一特点决定了控制燃煤排放的 SO_2 是我国 SO_2 污染控制的重点。燃煤烟气主要含有 CO、CO_2、SO_2、NO_x 及粉尘和 Hg 等物质。

含有 SO_2 的烟气在未达标之前不能排放,必须经处理回收或净化烟气中的 SO_2,达标后才能排放。烟气脱硫典型的技术有石灰石-石膏法、喷雾干燥法、电子束法、氨法等,国内外 90%以上的火电厂脱硫技术采用石灰石-石膏法。氧化镁法脱硫技术与常用的石灰石(石灰)湿法脱硫技术相比,具有除硫效率高、投资少、工艺简单、可回收、避免产生固体废物等特点。氧化镁法烟气脱硫技术可分为氧化镁法和氢氧化镁法,本实验采用喷淋塔装置模拟氧化镁(MgO)浆液吸收 SO_2。

氧化镁法烟气脱硫的基本原理是用 MgO 的浆液吸收 SO_2,生成亚硫酸镁和硫酸镁。通过添加阻氧化剂或者采用高空气系数,可以控制主要产物为亚硫酸镁或者硫酸镁。前者可以利用流化床分解成氧化镁和二氧化硫,进行二氧化硫的回收,同时循环利用氧化镁;后者可直接回收工业硫酸镁或者生产镁肥($MgSO_4 \cdot 7H_2O$)。吸收过程中发生的化学反应如下。

氧化镁浆液的制备:

$$MgO + H_2O \longrightarrow Mg(OH)_2 \tag{1}$$

SO_2 的吸收:

$$Mg(OH)_2 + SO_2 \longrightarrow MgSO_3 + H_2O \tag{2}$$

$$MgSO_3 + SO_2 + H_2O \longrightarrow Mg(HSO_3)_2 \tag{3}$$

$$Mg(HSO_3)_2 + Mg(OH)_2 + 4H_2O \longrightarrow 2MgSO_3 \cdot 3H_2O \tag{4}$$

氧化：

$$2MgSO_3 + O_2 \longrightarrow 2MgSO_4 \tag{5}$$

氧化镁再生：

$$MgSO_3 \longrightarrow MgO + SO_2 \tag{6}$$

通过测定喷淋吸收塔进出口气体中 SO_2 的含量，可得出吸收塔的平均净化效率，确定喷淋塔吸收效果。气体中 SO_2 含量的测定采用 SO_2 分析仪或采用盐酸副玫瑰苯胺比色法。

三、实验试剂、仪器和装置

1. 试剂

氧化镁，分析纯；氢氧化钠，分析纯；硫酸，分析纯；SO_2，99.9%。

1%氧化镁过饱和浆液：称量 2 kg 氧化镁，放入吸收液槽中，加水 20 L 搅拌溶解，配制成氧化镁过饱和浆液。

2、仪器和设备

空压机，压力 7×10^5 Pa，气量 3.6 m^3/h，1 台；液体 SO_2 钢瓶，1 瓶；喷淋塔，$\phi70\times650$ mm，1 台；泵，扬程 3 m，流量 400 L/h，1 台；缓冲罐，容积 1 m^3，1 个；高位液槽，15 L；搅拌器，2 个；混合缓冲罐，0.5 m^3，1 个；吸收液槽，25 L；流量计(水)，10～100 L/h，1 个；流量计(气)，0.1～1 m^3/h，1 个；毛细管流量计，0.1～0.3 mm，1 个；U 形管压力计，200 mm 水柱，3 只；压力表，0～3×10^5 Pa，1 只；温度计，0～100 ℃，2 支；空盒式大气压力计，1 只；pH 计，1 台；SO_2 分析仪，1 台，或分光光度计，1 台(选用)。

3. 实验装置与流程

实验装置流程见图 4-2-2。实验装置由两部分组成。① 配气部分：气体压缩机，缓冲罐，转子流量计，气体混合器。空气由空压机经缓冲罐后，通过转子流量计进入气体混合罐，与 SO_2 气体相混合，配制成一定浓度的混合气，混合气体经流量计计量后进入喷淋塔。② 吸收部分：含 SO_2 的混合气体经压差计测压后从塔底进气口进入喷淋塔，吸收液从高位槽通过流量计计量后由填料塔上部经喷淋装置进入塔内，吸收液中氧化镁与混合气中 SO_2 反应，吸收 SO_2，吸收后气体经取样后由塔顶排空，吸收液由塔下部排出，进入溶液储槽，再用泵提升到高位液槽，吸收液在系统中形成循环。在喷淋塔前后设置两个取样点，用医用注射器可以直接插入取样，在实验时按需要分析取出的样品，以测定喷淋塔进、出口气体之含 SO_2 浓度。

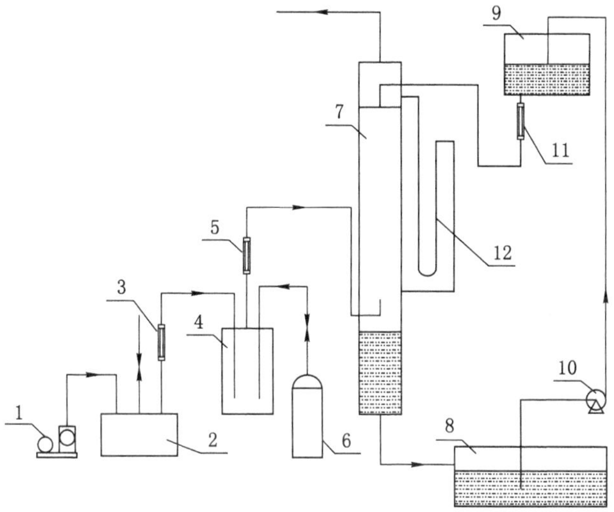

1—空压机；2—缓冲罐；3，5，11—流量计；4—混合气缓冲罐；6—SO_2 气瓶；
7—吸收塔；8—溶液储罐；9—高位槽；10—液泵；12—压差计。

图 4-2-2　氧化镁湿法烟气脱硫实验装置

四、实验方法和步骤

(1) 关严吸收塔的进气阀，打开缓冲罐放空阀，并在高位槽中注入配制好的 MgO 浆液。打开吸收塔的进液阀，调节吸收液流量，使液体均匀喷淋，当吸收液在塔底建立液位，再由塔底流出后，将液体流量调至 35 L/h 左右。

(2) 开启空压机，开启缓冲罐出气阀，调节空气流量到 0.1 m^3/h。开启 SO_2 气瓶气阀，并调节其流量，使进气中 SO_2 含量为 1 000 mg/m^3 左右，并逐渐打开吸收塔的进气阀，稳定运行 5 min。测定喷淋塔进气和尾气浓度，计算脱硫效率。

(3) 调整液体流量计到 0.2 m^3/h、0.3 m^3/h 和 0.4 m^3/h，同时调节 SO_2 气瓶的气量使进气中 SO_2 含量仍保持 1 000 mg/m^3 左右，稳定运行 5 min。测定喷淋塔进气和尾气浓度，计算脱硫效率。

(4) 改变吸收液流量，重复上述步骤。

(5) 实验完毕，先关进气阀，待 2 min 后停止供液。

(6) 固定吸收液量和处理气量，利用硫酸调节吸收浆液的 pH，重复上述实验步骤，测定不同 pH 条件下的脱硫效率（本步实验操作为选做实验）。

五、实验数据记录与处理

(1) 喷淋塔净化效率(η)的计算。

$$\eta = \left(1 - \frac{C_2}{C_1}\right) \times 100\% \tag{1}$$

式中,C_1 为吸收塔入口处气体中 SO_2 的浓度,mg/m^3;C_2 为吸收塔出口处气体中 SO_2 的浓度,mg/m^3。

(2) 实验数据记录与处理。

将数据记录于表 4-2-2 中。

表 4-2-2　实验结果记录表

大气压力:_______________MPa　　大气温度:______________℃

序号	气体流量/(m^3/h)	吸收液量/(L/h)	液气比/(L/h)	进气浓度/(mg/m^3)	尾气浓度/(mg/m^3)	净化效率/%
1						
2						
3						
4						
5						
6						
7						
8						
9						
10						
11						
12						

(3) 绘出脱硫效率与气体流量之间的关系曲线 η-Q。

(4) 绘出脱硫效率与液体流量之间的关系曲线 η-L。

(5) 绘出脱硫效率与液气比之间的关系曲线 η-L/Q。

六、实验结果讨论

(1) 氧化镁法烟气脱硫技术与石灰石湿法脱硫技术相比有何优点?

(2) 从实验结果和绘出的曲线，你可以得出哪些结论？

(3) 试讨论操作参数对脱硫效率的影响。

(4) 试讨论吸收液氧化镁浓度对实验参数的影响。

(5) 通过实验，你有什么体会？对实验有何改进意见？

第三节 设计性实验

实验一 甲苯的光催化净化实验

一、实验意义和目的

近年来，光催化技术逐渐在室内空气污染及工业废水净化处理方面得到应用。通过本实验，了解半导体光催化材料的制备及在紫外光下的反应原理，掌握光催化实验的基本方法，并通过实验计算光催化方法对于甲苯的净化效率，以便更好地评价光催化技术。

二、实验原理

光催化净化技术是近几年来发展较快的一项技术，其机理如图 4-3-1 所示，主要是利用光催化剂，吸收外界辐射的光能，使其直接转变为化学能。选择光催化剂要考虑成本、化学稳定性、抗光腐蚀能力、光匹配性等多种因素。二氧化钛（TiO_2）在近紫外区吸光系数大、催化活性高、氧化能力强、光催化作用持久、化学性质稳定、耐磨、硬度高、造价低，而且对人体和环境不会造成任何伤害，是应用最广泛的光催化剂。目前最好的光催化剂是含 70％锐铁矿型和 30％金红石型晶体粒子的 TiO_2。

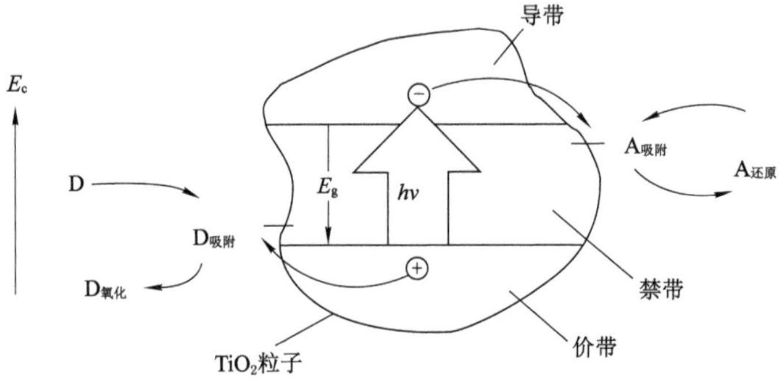

E_g—禁带宽度；E_c—照射光能量。

图 4-3-1 光催化机理图

半导体光激发带间跃迁和量子效率与金属相比，半导体能带是不连续的，价带(VB)和导带(CB)之间存在一个禁带。用作光催化剂的半导体大多为金属的氧化物和硫化物，一般具有较大的禁带宽度，有时称为宽带隙半导体。当能量大于 TiO_2禁带宽度的光照射半导体时，光激发电子跃迁到导带，形成导带电子(e^-)，同时在价带留下空穴阶(h^+)。由于半导体能带的不连续性，电子和空穴的寿命较长，它们能够在电场作用下或通过扩散的方式运动，与吸附在半导体催化剂粒子表面上的物质发生氧化还原反应，或者被表面晶格缺陷俘获。空穴和电子在催化剂粒子内部或表面也能直接复合。空穴能够同时吸附在催化剂粒子表面的 HO 或 H_2O，其发生作用生成羟基自由基 HO·，HO·是一种活性很高的粒子，能够无选择地氧化多种有机物并使之矿化，通常被认为是光催化反应体系中主要的氧化剂。

三、实验装置、仪器和试剂

(一) 催化剂活性评价系统

催化剂活性评价系统包括三部分：气体发生部分、光催化反应器和气体分析装置。图 4-3-2 是催化剂活性评价系统示意图。气体发生装置产生含有确定量污染物的气体，由载体气体携带通过流量计，然后与通过流量计的定量空气混合进入光催化反应器中，在紫外灯照射下发生光催化反应，通过气相色谱检测反应器进口和出口的污染物浓度的变化，从而确定光催化反应器的净化效率。

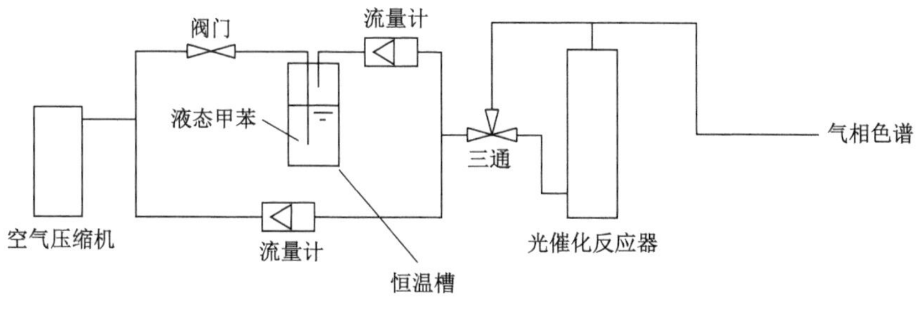

图 4-3-2　催化剂活性评价系统示意图

1. 气体发生部分

对于气相反应，当然是采用标准气体作为反应物时系统更为稳定。但是常温下甲苯为液态，而且该反应对气体量要求较大，因此采用标准气体成本比较高。在反应过程中利用液态有机物饱和蒸气压的性质生成气体并定量。

大多数挥发性有机物的蒸气压仅仅是温度的函数，一定温度下液体的饱和蒸气压可以从相关的物理化学手册上查到，或者利用一些关联式和经验公式加以计算。Antoine 方程被公认为是正确和简捷的方程，是用于关联大量蒸气压数据的最佳方程之一：

$$\lg p_v = A - \frac{B}{C + t} \tag{1}$$

式中 p_v——挥发性有机物的饱和蒸气压，kPa；

t——温度，℃；

A，B，C——常数，可在物理化学手册中查到。

根据此公式计算可得到某一温度下液态 VOCs 的饱和蒸气压。

本实验利用这一原理，通过设定相位恒温槽的温度，计算出甲苯的饱和蒸气压，得到挥发出的甲苯气体。调节通过甲苯的空气与主路空气的流量比例，就可以获得不同浓度的甲苯气体。改变空气通过低温恒温流中去离子水的流量来调节污染气体的相对湿度。

2. 光催化反应器

本实验所用的光催化反应器是自行设计的。反应器材质为不锈钢(1Cr18Ni9Ti)和聚四氟乙烯。反应器主体(不包括两端法兰长度)总长 500 mm，内径 66 mm，壁厚 5 mm。反应器两端为法兰密闭连接，方便放入催化剂和紫外灯管。反应器底部的布气板上均匀分布了直径为 1 mm 的布气孔。用来作为激发光源的紫外灯管置于反应器的中心，两端用聚四氟乙烯做绝缘。将涂覆了二氧化钛薄膜的铝箔卷成筒状沿反应器的内壁放置。发生催化反应期间，反应器内部的温度和压力可以由热电偶和压力表实时显示。

实验中所用的紫外灯有两种。

(1) 15 W 的黑光灯：主要输出波长 265 nm，相应最大输出光强 2.47 mW/cm^2，灯管直径 26 mm，长 400 mm；

(2) 15 W 灭菌灯：主要输出波长 254 nm，相应最大输出光强 9.29 mW/cm^2，灯管直径 23 mm，长 400 mm。

3. 气体分析装置

模拟污染气体中甲苯的浓度用配有氢火焰离子检测器(FID)的气相色谱仪进行分析。将气相色谱测出的甲苯色谱峰面积代入标准曲线方程，就可以求出相应的有机物浓度。本实验采用日本岛津(SHIMADZU)公司生产的配有氢火焰离子检测器(FID)的 GC-17A 型气相色谱仪分析,并配有相应的 Class-GC10 工作站。色谱柱采用美国 J&W 公司生产的毛细柱(Porapak Q),长 30 m,直径 0.32 mm。

实验过程中采用的色谱条件如下:

(1) 色谱柱温度:210 ℃。

(2) 检测室温度:230 ℃。

(3) 载气(He)流量:75 mL/min。

(4) 燃气(H_2)流量:60 mL/min。

(5) 助燃气(空气)流量:50 mL/min。

(6) 分流比:1。

(7) 保留时间:6.496 s。

(二) 其他设备

(1) 高精度天平。

(2) 恒温磁力搅拌器。

(3) 电热鼓风干烘箱。

(4) 马弗炉,具有自动开始、自动结束、温度数字式设定与程序控制等功能。

(三) 试剂

在催化剂的制备过程中用到的药品有:钛酸四丁酯,硝酸,无水乙醇,氢氧化钠,醋酸锌,聚乙二醇,硝酸铟,硝酸银,硝酸铁,硝酸锰,钨酸铵,氯铂酸,四氯化锡,去离子水。

四、实验方法和步骤

(一) 催化剂的制备

催化剂的制备是本实验的关键核心环节,本实验是将 TiO_2 光催化剂用溶胶-凝胶(sol-gel)法涂覆在尺寸为 210 mm×400 mm×0.1 mm 的金属铝片上,再将涂覆了二氧化钛薄膜的铝箔卷成筒状沿光催化反应器的内壁放置。因此在开始本实验之前,每个小组的同学应根据本实验的要求及提供的实验材料和条件,在查阅文献的基础上,应用正交实验设计方法制订详细的催化剂制备方案,并按要求报指导老师审定,经指导老师同意后才能开始实验。

(二) 催化剂活性评价

1. 实验系统稳定性实验

为了证明实验数据的可靠性,在进行活性评价实验之前,首先需要评定反应系统的稳定性。

（1）打开气相色谱和工作站，设置相应的测试条件；

（2）设定恒温槽温度为 6 ℃，在已洗净晾干的饱和罐中倒入一定量的液态甲苯；

（3）连接系统各部分；

（4）用皂膜流量计校准质量流量计的实际流量；

（5）根据理论计算结果调节各气路的流量，调节 3 路气体的流量来达到实验所需气体的浓度、流量和相对湿度，使甲苯的浓度（体积分数）约为 10×10^{-6}，并使通过反应器的气体总流量为 1 L/min 左右；

（6）反应气体不通过反应器，而是直接由旁通管道经过气相色谱，每 8 min 测定一次甲苯浓度（因为甲苯的出峰时间在 7 min 左右）；

（7）安装紫外灯管，并沿反应器四壁放置涂覆有光催化剂的铝片，插入热电偶，装好反应器；

（8）待旁通气体的浓度和相对湿度都达到实验需要时，转动三向阀，使甲苯气体进入反应器；

（9）每隔一定时间（10 min 左右）测定反应器出口甲苯浓度，直至其基本保持不变，此时系统达到吸附平衡状态；

（10）系统达到平衡后，可开始进行催化剂活性评价反应。

2. 催化剂活性评价

（1）在系统达到吸附稳定后打开紫外灯，同时开始计时。

（2）在 5 min 时转动六通阀进样，记录甲苯峰面积；

（3）之后每隔 8 min 进样一次并记录实验结果；

（4）待所得峰面积基本保持稳定时结束实验，关闭紫外灯以及其他相关设备、气瓶。

（三）操作条件对光催化效率的影响

通过改变紫外灯、处理气量、进气浓度和相对湿度，分别测定这些因素对甲苯净化效率的影响，探索最佳的操作条件。

五、实验数据记录与处理

（一）催化剂活性评价

将实验数据记录于表 4-3-1 中。

表 4-3-1　实验时间对光催化效率的影响

紫外灯波长：254 nm，处理气量：______L/min，甲苯初始浓度：______$\times 10^{-6}$，相对湿度：______%

实验时间/min	5	13	21	29	37	…
排气浓度/$\times 10^{-6}$						
η/%						

（二）光催化效率的影响因素

1. 紫外灯波长对光催化效率的影响

将实验数据记录于表 4-3-2 中。

表 4-3-2　紫外灯波长对光催化效率的影响

处理气量：1 L/min　　甲苯初始浓度：10×10^{-6}　　相对湿度：40%

紫外灯波长/nm	254	365				…
排气浓度/$\times 10^{-6}$						
η/%						

2. 处理气量对光催化效率的影响

将实验数据记录于表 4-3-3 中。

表 4-3-3　处理气量对光催化效率的影响

紫外灯波长：254 nm　　甲苯初始浓度：10×10^{-6}　　相对湿度：40%

处理气量 L/min	0.6	0.8	1.0	1.2	1.4	…
排气浓度/$\times 10^{-6}$						
η/%						

3. 进气浓度对光催化效率的影响

将实验数据记录于表 4-3-4 中。

表 4-3-4　进气浓度对光催化效率的影响

紫外灯波长：254 nm　　处理气量：1 L/min　　相对湿度：40%

甲苯初始浓度/$\times 10^{-6}$	5.0	10.0	20.0	40.0	60.0	80.0
排气浓度/$\times 10^{-6}$						
η/%						

4. 相对湿度对光催化效率的影响

将实验数据记录于表 4-3-5 中。

表 4-3-5　相对湿度对光催化效率的影响

紫外灯波长：254 nm　　处理气量：1 L/min　　甲苯初始浓度：10×10^{-6}

相对湿度/%	20	30	40	60	80	…
排气浓度/$\times10^{-6}$						
η/%						

注：表中反应条件均为近似条件，可根据实际情况进行调整。

六、实验结果讨论

（1）绘制光催化效率随各因素变化的曲线。这些因素是如何影响光催化效率的？最佳的实验操作条件是什么？

（2）实验中还有哪些因素对光催化效率有影响？

（3）设计正交实验方案。

实验二　生物滴滤塔降解氯苯废气实验

一、实验意义和目的

近年来，挥发性有机物(VOCs)和恶臭废气等的大量排放引起了灰霾、光化学烟雾等区域大气环境问题，严重威胁人类健康与生态安全。氯苯是易挥发的单环卤代芳香类化合物，可作为染料、塑料、香料、医药、农药和有机合成的中间体，化学性质稳定，具有生物积累性和生物毒性，对人体具有致癌作用，被美国环保局列入优先控制污染物名单，因此，氯苯类 VOCs 的污染控制问题已成为当前环境领域的研究热点。通过本实验要求学生掌握生物滴滤塔降解氯苯废气的原理和效果；掌握活性污泥的培养和驯化、生物滴滤塔挂膜启动的方法和分析计算去除率的方法。

二、实验原理

生物滴滤(BTF)是对生物过滤工艺的改进和优化，其可以通过控制喷淋液的流量、改变喷淋液的成分及 pH 的方式来提供微生物生长所需的条件，是目前处理工业源 VOCs 废气应用最多的工艺，对硫化氢和氨等酸性气体及多种挥发性有机物的降解具有明显的优势。

三、实验装置、仪器和试剂

1. 实验装置和仪器

实验装置如图 4-3-3 所示，生物滴滤塔：ϕ120 mm×1 500 mm，有机玻璃材质，分为喷淋段、进气段和 4 个填料段，各段间以法兰连接，填料为活性炭纤维布、陶瓷拉西环的混合填料。每个填料高度为 300 mm。采用 GC-17A 型气相色谱仪分析氯苯废气中的氯苯质量浓度。

2. 实验材料

接种污染物取自湘潭某污水处理厂的氧化沟。循环喷淋液的成分：NH_4Cl 800 mg/L；NaH_2PO_4 200 mg/L；$MgSO_4 \cdot 7H_2O$ 340 mg/L；KH_2PO_4 400 mg/L；$FeSO_4 \cdot 7H_2O$ 10 mg/L；$CaCl_2$ 15 mg/L；$ZnSO_4 \cdot 7H_2O$ 0.5 mg/L；$Na_2MoO_4 \cdot 2H_2O$ 0.5 mg/L。

四、实验方法和步骤

1. 活性污泥的培养及驯化

在开始本实验之前，每个小组的同学应根据本实验的要求及提供的实验材

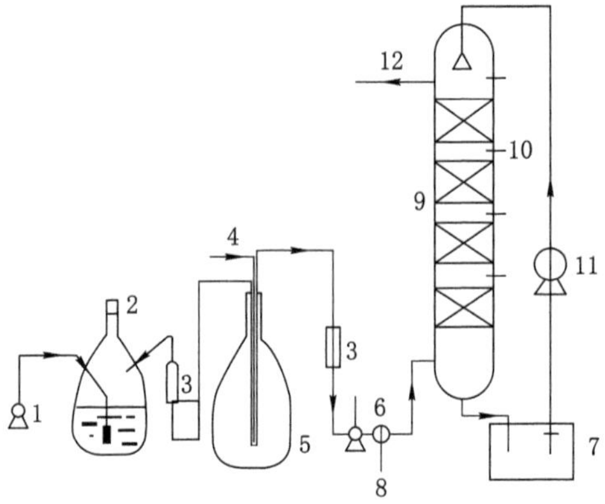

1—空压机；2—氯苯发生瓶；3—流量计；4—空气进口；5—缓冲发生瓶；
6—三通阀；7—循环水槽；8—进口浓度检测口；9—填料塔；
10—气体采样口；11—循环水泵；12—气体排放口。

图 4-3-3　实验装置系统

料和条件，在查阅文献的基础上，自行制定活性污泥的培养及驯化实验方案，并按要求报指导老师审定，经指导老师同意后才能开始实验。

2. 挂膜启动

将驯化好的活性污泥注满生物滴滤池，完全淹没填料，浸泡 24 h 放空，开始挂膜。进气的氯苯质量浓度从 50.00 mg/m^3 逐渐增至 1 200 mg/m^3，气体空床停留时间(EBRT)为 55 s，喷淋液流量为 30 mL/min。每 3 d 更新 500 mL 活性污泥及相应比例的营养液，每天测定生物滴滤塔进出口的氯苯质量浓度，计算氯苯去除率。

3. 稳定运行

自行制定实验方案，并按要求报指导老师审定，经指导老师同意后才能开始实验。

4. 研究进气中氯苯质量浓度、EBRT 和喷淋液流量对氯苯去除率的影响

自行制定实验方案，并按要求报指导老师审定，经指导老师同意后才能开始实验。

五、实验数据处理和讨论

分别绘制进气中氯苯质量浓度、EBRT 和喷淋液流量对氯苯去除率的影响曲线并分析各自对氯苯去除率的影响。

参考文献

[1] 包红旭. 环境工程专业综合设计、研究性实验教程[M]. 沈阳:辽宁大学出版社,2016.

[2] 陈国松,陈昌云. 仪器分析实验[M]. 2 版. 南京:南京大学出版社,2015.

[3] 陈欢哲,何海霞,万亚萌,等. 燃煤烟气脱硝技术研究进展[J]. 应用化工,2019,48(5):1146-1151.

[4] 程胜高,但德忠. 环境与健康[M]. 北京:中国环境科学出版社,2006:266.

[5] 董继红,李占印,吴俊,等. 燃煤电厂烟气脱硫技术综述[J]. 化工设计,2017,27(6):3-6.

[6] 杜世勇,白志鹏,侯鲁健. $PM_{2.5}$监测方法与应用[M]. 北京:科学出版社,2016.

[7] 段凤魁,郝吉明,王书肖,等. 大气污染控制工程实验课程建设探讨[J]. 实验技术与管理,2015,32(9):6-8.

[8] 冯小卫. 室内污染监测与控制技术问答[M]. 北京:化学工业出版社,2006.

[9] 韩爱鸿,李艳霞,张建夫. 化学分析方式及仪器研究[M]. 北京:中国水利水电出版社,2014.

[10] 韩照祥. 环境工程实验技术[M]. 南京:南京大学出版社,2006.

[11] 郝吉明,段雷. 大气污染控制工程实验[M]. 北京:高等教育出版社,2004.

[12] 郝吉明,马广大,王书肖. 大气污染控制工程[M]. 3 版. 北京:高等教育出版社,2010.

[13] 郝吉明,尹伟伦,岑可发. 中国大气$PM_{2.5}$污染防治策略与技术途径[M]. 北京:科学出版社,2016.

[14] 郝郑平. 挥发性有机污染物排放控制过程、材料与技术[M]. 北京:科学出版社,2016.

[15] 何争光. 大气污染控制工程及应用实例[M]. 北京:化学工业出版社,2004.

[16] 黄长干,徐翠莲.有机化学实验[M].北京:中国农业出版社,2013.
[17] 黄学敏,张承中.大气污染控制工程实践教程[M].北京:化学工业出版社,2003.
[18] 贾佩云,陈春霞.无机及分析化学实验[M].北京:化学工业出版社,2013.
[19] 康春莉.环境化学实验[M].长春:吉林大学出版社,2000.
[20] 李登新. NO_x 催化氧化吸收技术与系统[M].北京:中国环境出版社,2017.
[21] 李彦旭.大气污染控制工程教材建设的思考[J].广东工业大学学报(社会科学版),2007,7(增刊):170-171.
[22] 李志富,陈建平.分析化学[M].武汉:华中科技大学出版社,2015.
[23] 廉今兰,谷风,陆文龙,等.《大气污染控制工程》课程实践教学改革与探索[J].吉林化工学院学报,2019,36(4):21-24.
[24] 梁永,张民.环境监测仪器检测技术实用指南[M].北京:中国质检出版社,2016.
[25] 刘阁,张贤明.环境工程中的过滤与分离技术[M].北京:化学工业出版社,2012.
[26] 刘丽梅,李桂贤,王洋,等.大环境背景下大气污染控制工程实验课教学内容设计[J].教育教学论坛,2018(34):211-212.
[27] 陆建刚.大气污染控制工程实验[M].2版.北京:化学工业出版社,2016.
[28] 马岸奇,裘雨晓,雷建章.钠钙双碱法烟气脱硫技术治理方法浅析[J].砖瓦,2017(8):23-27.
[29] 任丽萍,毛富春.无机及分析化学实验[M].北京:高等教育出版社,2006.
[30] 邵全毅,冯丽萍.湿式镁法脱硫研究[J].天津化工,2008,22(4):43-45.
[31] 申亮杰,程荣,陈怡晖,等.室内挥发性有机物的净化技术研究进展[J].化工进展,2017,36(10):3887-3896.
[32] 苏明武.分析化学与仪器分析实验[M].北京:科学出版社,2017.
[33] 苏星光.分析化学[M].北京:高等教育出版社,2015.
[34] 孙杰,陈绍华,叶恒朋,等.环境工程专业实验:基础、综合与设计[M].北京:科学出版社,2018.
[35] 汤红妍.环境监测实验[M].北京:化学工业出版社,2018.
[36] 唐志军.袋式除尘技术的发展及其在燃煤电厂烟气处理中的应用[J].资源节约与环保,2016(1):28.

[37] 王建宏,朱玲,陈家庆,等.大气污染控制工程综合型实验的整合与优化[J].中国现代教育装备,2012(7):69-70.
[38] 王立章.室内污染监测与控制技术[M].北京:化学工业出版社,2014.
[39] 王书肖.大气污染控制工程课程体系建设与资源共享[J].中国大学教学,2018(6):19-24.
[40] 吴卫红,吴华,罗佳,等.SCR烟气脱硝催化剂再生研究进展[J].应用化工,2013,42(7):1304-1307.
[41] 吴小东.燃煤电厂烟气脱硫脱硝一体化技术发展趋势[J].化工设计通讯,2018,44(8):65-66.
[42] 肖文德,吴志泉.二氧化硫脱除与回收[M].北京:化学工业出版社,2001.
[43] 徐宝东.烟气脱硫工艺手册[M].北京:化学工业出版社,2012.
[44] 严长勇,沈恒根.袋式除尘器在我国的发展及其在燃煤电厂中的应用[J].中国环保产业,2005(5):34-36.
[45] 杨加强,梅毅,王驰,等.湿法烟气脱硝技术现状及发展[J].化工进展,2017,36(2):695-704.
[46] 姚开安,赵登山.仪器分析[M].2版.南京:南京大学出版社,2017.
[47] 叶代启.工业挥发性有机物的排放与控制[M].北京:科学出版社,2017.
[48] 苑贺楠,何广湘,孔令通,等.工厂燃煤烟气脱硫技术进展[J].工业催化,2019,27(9):8-12.
[49] 张殿印,刘瑾.除尘设备手册[M].2版.北京:化学工业出版社,2019.
[50] 张宁.$PM_{2.5}$、沙尘气溶胶和干湿沉降物的理化特征及源解析研究[M].北京:气象出版社,2016.
[51] 张润铎,戴洪兴,刘志明.典型化工有机废气催化净化基础与应用[M].北京:科学出版社,2016.
[52] 赵雪,程茜,侯俊先.脱硫脱硝行业2017年发展综述[J].中国环保产业,2018(7):10-24.
[53] 郑小明,周仁贤.环境保护中的催化治理技术[M].北京:化学工业出版社,2003.
[54] 钟秦.燃煤烟气脱硫脱硝技术及工程实例[M].北京:化学工业出版社,2002.
[55] 周敬宣,段金明.环保设备及应用[M].2版.北京:化学工业出版社,2014.
[56] 周晓猛.烟气脱硫脱硝工艺手册[M].北京:化学工业出版社,2016.

[57] 周兴求.环保设备设计手册-大气污染控制设备[M].北京:化学工业出版社,2004.

[58] HAO J,YU W,LU P,et al. The effects of Na/K additives and flyash on NO reduction in a SNCR process[J]. Chemosphere,2015,122:213-218.

[59] CHEN H,CHEN D Z,FAN S,et al. SNCR De-NO_x within a moderate temperature range using urea-spiked hydrazine hydrate as reductant[J]. Chemosphere,2016,161:208-218.

[60] YAO T,DUAN Y,YANG Z,et al. Experimental characterization of enhanced SNCR process with carbonaceous gas additives[J]. Chemosphere,2017,177:149-156.